Wer antwortet, führt

Wer antwortet, führt

Die Vorteile des konstruktiven Egoismus in der Kommunikation

von

Tom Buschardt

Reguvis

Bibliografische Information der Deutschen Nationalbibliothek
Die Deutsche Nationalbibliothek verzeichnet diese Publikation in der Deutschen Nationalbibliografie; detaillierte bibliografische Daten sind im Internet über http://dnb.d-nb.de abrufbar.

Reguvis Fachmedien GmbH
Amsterdamer Str. 192
50735 Köln
www.reguvis.de

Beratung und Bestellung:
E-Mail: wirtschaft@reguvis.de

ISBN (Print): 978-3-8462-1464-0
ISBN (E-Book): 978-3-8462-1465-7

Herstellung: Günter Fabritius
Satz: Cicero Computer GmbH, Bonn
Druck und buchbinderische Verarbeitung: Digital Print Group O. Schimek GmbH, Nürnberg

Printed in Germany

Für meine Söhne

Marc und Lars

Inhaltsverzeichnis

Vorwort

„Wer fragt, führt" – das mag aus journalistischer Sicht durchaus logisch und nachvollziehbar sein. Aber ergibt es auch aus Sicht derer Sinn, die Interviews geben, in Meetings befragt werden oder gar in Untersuchungsausschüssen öffentlich und nicht-öffentlich gegrillt werden?

Mit Sicherheit: Nein!

Es vergeht kaum eine Woche, in der mich nicht eine/r meiner Coachees fragt, wie man es erlernen kann „wie die Politiker immer komplett an der Frage vorbei antworten". Zugegeben: Gedanklich hat mein Hirn an dieser Stelle im Laufe der Jahre bereits eine dicke Hornhaut bekommen, aber ich drücke mich auch nach 20 Jahren als Kommunikations- und Medientrainer erfolgreich davor, liefern zu müssen.

Gegenfrage 1: „Fällt Ihnen das denn auf, wenn Politiker das machen?"

Antwort: „Ja."

Gegenfrage 2: „Finden Sie es gut?"

Antwort: „Nein."

Fazit-Frage: „Warum wollen Sie es dann anwenden?"

In der Regel setzt spätestens an diesem Punkt der Beginn der Erkenntnis ein, dass unser Weg ein anderer sein muss.

Der Grund für die Frage an mich jedoch liegt auf der Hand: Unser Bedürfnis, unangenehmen Fragen auszuweichen, ist ungebrochen. Ich nehme mich nicht aus. Denn auch ich bin gerne in meiner Komfortzone, widme mich gerne meinen Lieblingsthemen und darin wiederum meinen Lieblingsaspekten. Ich weiß – genau wie Sie in Ihrem Fachthema – mit welchen Anekdoten ich punkten kann, welche Mechanismen zu nutzen sind, wenn das Publikum im Saal wider Erwarten nicht ganz so mitgeht wie erwartet. Welche Mechanismen bei Störenden und Störungen einzusetzen sind, was bei technischen Pannen hilft – und wie man sich selbst am Schopf wieder nach oben zieht, wenn ich kurz vor der Keynote feststellen muss, dass der Veranstalter ein ganz anderes Kommunikationsthema auf das Programm geschrieben hat als abgesprochen war, welches ich natürlich entgegen den Absprachen zuvor nicht als PDF zur Freigabe zugeschickt bekommen hatte.

Um an einer Frage vorbei zu antworten wie Politiker – ungeachtet dessen, dass alle das mitbekommen, die dabei zuschauen – brauchen Sie dieses Buch nicht. Geben Sie es schnell wieder zurück, solange die Rückgabefrist noch nicht abgelaufen ist.

Allerdings zeige ich Ihnen auf den nächsten Seiten sehr wohl auf, mit welchen Mechanismen Sie sich schützen können, wie Sie Medien nicht auf den Leim gehen und vor allem auch, wie Sie diese Mechanismen außerhalb des Medienkontaktes in Ihren privaten wie auch beruflichen Alltag integrieren können, wie Sie bei Meetings und Konferenzen besser abschneiden, wie sich Ihre Kommunikation grundlegend optimiert und deutlich verbessert. Ist das hier ein illegales Heilversprechen? Es könnte so aussehen.

Deshalb der Warnhinweis: Mit der Lektüre dieses Buches ist es nicht getan.

Einmal gelesen heißt nicht, dass das ab sofort funktioniert. Sie müssen es täglich umsetzen, ausprobieren, das Scheitern einkalkulieren und wieder neu versuchen. Sie werden Erfolge und Misserfolge haben. Sie werden sich oft außerhalb der Komfortzone bewegen müssen, um erfolgreich zu kommunizieren oder zumindest ein Stück voranzukommen. Und ganz wichtig: Wir müssen gemeinsam – denn das kann ich nicht ohne Ihre Offenheit und Mitwirkung – an Ihrer Haltung und Einstellung in Sachen Kommunikation arbeiten. Oftmals hilft uns eine veränderte kommunikative Haltung dabei, die richtigen Formulierungen zu finden. „Wer antwortet, führt" ist kein Buch, das man am Flughafen als Lektüre von der Europalette greift, um sich etwas die Zeit zu vertreiben.

Ich gehe davon aus, dass Sie beruflich bereits einiges erreicht haben – oder ernsthaft beabsichtigen, es zu erreichen. Ich setze voraus, dass Sie ohne eine erweiterte Kommunikationskompetenz nicht in der Position wären, die Sie beruflich derzeit innehaben. Selbst wenn Sie diese Zeilen als Studierende lesen, werden Sie sich mit Kommunikation intensiv beschäftigen oder beschäftigen müssen. Das alles sollte Ihnen bereits eine gewisse Sicherheit geben, dass Sie beim Thema Kommunikation nicht unterdurchschnittlich beginnen. Vertrauen Sie folglich bitte darauf, dass Sie erweiterte Grundkenntnisse mitbringen.

Darauf bauen wir hier auf.

Und Sie werden feststellen, dass wir im privaten Alltag viele Kommunikationsmechanismen bereits erfolgreich nutzen – auf die wir meinen, im journalistischen Interview nicht weiter zurückgreifen zu können. Das ist oft falsch.

Daran werden wir arbeiten.

Weil zur Drucklegung dieses Buches die Gender-Sprachdebatte in Deutschland munter geführt wird (konstruktiv wie destruktiv und wie es ausgehen wird, steht noch in den Sternen)[1] gestatten Sie mir hierzu bitte ein persönliches Wort. Sowohl in meinen Coachings als auch in unserer Autor/Lesende-Beziehung, spielt das Geschlecht für mich keinerlei Rolle. Außer an den Stellen, wo es mir um tatsächliche „weibliche" und „männliche" Kommunikationsbeobachtungen geht, ist es völlig unerheblich. Ich werde mal die männliche, mal die weibliche, mal eine neutrale Formulierung benutzen. Sehen Sie es mir aber bitte nach, dass ich, nach jahrzehntelanger Arbeit vor Mikrofon und Kamera in

1 WDR-Umfrage zeigt: Mehrheit lehnt Gendern ab – „Dann empfehlen wir, darauf zu verzichten", Münchner Merkur vom 7.2.2023, https://www.merkur.de/politik/wdr-politik-deutschland-gendern-gendersternchen-gendergap-schoenenborn-verzichten-umfrage-ergebnis-92074604.html.

zahlreichen Sendern, nicht beim Schreiben jetzt das Stott*ern oder Stock:en anfangen werde.

Kommunikations- und Medientrainer sind leider keine geschützten oder schützbaren Berufsbezeichnungen. Es ist folglich auch kein Ausbildungsberuf – selbst wenn Verbände und Institute in einigen Wochenendkursen anschließend ein Zertifikat ausstellen. Warum ich selbst eine sogenannte „Zertifizierung“ ablehnen muss, wenn sie niedrigere Anforderungen stellt, als ich an Berufserfahrung mitbringe, habe ich ausführlich in meinem Buch *Warum wir Kommunikation neu lernen müssen*[2] dargelegt. Das Berufsbild trägt sich durch die Erfahrung und Befähigung, die man dafür mitbringt – und die Fähigkeit, in individuellen Coachings diese Inhalte auch nachhaltig zu vermitteln. Deshalb ist es auch ein Unterschied, ob sich jemand neben seinem Hauptberuf etwas als Coach gelegentlich dazuverdient oder ob er diesen Beruf gewissermaßen 24/7 ausübt. Letztlich ist es die eigene Bedürfnisanalyse, die Ihnen bei der Auswahl hilft: Möchte ich jemanden aus dem Bereich TV-Moderation als Coach (inkl. Glamour- oder Promi-Faktor) oder jemanden, der solche Moderatoren zu dem macht, was sie geworden sind? Sie haben vermutlich vor dem Kauf dieses Buches auch nachgeschaut, welchen Background der Autor hat, sofern ich Ihnen bisher unbekannt war und dann eine Kaufentscheidung getroffen.

Bleiben wir kurz bei den Coaches und ihren Methoden. Kommunikation muss natürlich griffig sein und das Marketing für uns Freiberufler ebenfalls. So gibt es dann die „XY-Methode“, die „5 magischen Punkte“ oder vielleicht so etwas wie das „3-Finger-Prinzip“ und irgendwann erfindet sicher jemand die „kommunikative Sternenregel“ oder die „Vier Mondphasen des kommunikativen Erfolges“.[3] Das klingt alles ganz nett und vor allem danach, dass man mit der Einhaltung dieser Mechanismen erfolgreich kommunizieren wird. Oder wohl eher danach, dass man mit einem griffigen Titel schnell in den Empfehlungen der Buchhändler landet; den Bestsellerlisten – sich der Inhalt dann nach zwei Kapiteln wiederholt und schließlich ganz in Luft auflöst. Kaufmännisch gesehen könnte der Titel „Wer antwortet, führt“ demnach für mich eine schlechte Entscheidung gewesen sein – aber dieses Buch hat den Anspruch zu halten, was es auf dem Titel verspricht. Ich verspreche Ihnen: Wenn Sie antworten, werden Sie künftig durch Ihre Antworten führen können.

Letztlich ist Kommunikation ein Handwerk mit zahlreichen Facetten, die es zu optimieren und beherrschen gilt. Das Soundso-Prinzip, die Soundso-Regel oder die Soundso-Methode helfen sicher punktuell, doch letztlich sind Sie es, der/die es in der Hand hat, wie nachhaltig wir unsere eigene Kommunikation optimieren und wie flexibel wir aufgestellt sind, wenn wir auf unvorhergesehene Situationen treffen, auf unvorbereitete Fragestel-

2 *Buschardt*, Warum wir Kommunikation neu lernen müssen, S. 206 ff.

3 Ich bin selbst nicht besser: VIP-Technik®, Ärgerfasten® und 3D-Rhetorik® sind meine geschützten Marken.

lungen reagieren müssen – oder wenn uns emotional gerade das Wasser bis zum Hals steht und wir uns dennoch behaupten müssen. Öffentlich wie teil-öffentlich.

Dieses Buch setzt breiter an. Zwar habe auch ich meine geschützten Begriffe, die ich in meinen Coachings einsetze – etwas Marketing muss schließlich sein. Aber ich werde Ihnen hier konkret nutzbare und umsetzbare Mechanismen an die Hand geben, auf denen Sie erfolgreiche Kommunikation aufsetzen können. Und natürlich: Ja, wir schauen uns auch ausweichende Strategien aus der Politik an.

Und bei Fragen zum Inhalt – schreiben Sie mir oder rufen mich an. Meine Kontaktdaten finden Sie am Ende dieses Buches. Sie haben mit dem Kauf gewissermaßen eine Was-ich-noch-fragen-wollte-Option erworben.

Bis später?

Köln 2023 Tom Buschardt

1. Wer führt?

„Guckst Du dumm, fährst Du dumm!" – Ich muss zugeben, mein Fahrlehrer für den Motorradführerschein hatte es etwas derber ausgedrückt, aber dieses modifizierte Zitat gilt auch für die Kommunikation. Ich habe den Zusammenhang nur erst einige Jahre später verstanden. Die Situation ist folgende: Wenn man zum ersten Mal auf einer Fahrschulmaschine sitzt und noch nicht ganz so viel Fahrpraxis auf geschlossenen Grundstücken gesammelt hat, dann schaut man auf sein Vorderrad und überlegt, wie man nun die Kurven fährt. Nun, Motorrad wird nicht mit dem Lenker gefahren, sondern mit dem Hintern, wie ich dann sehr schnell lernen musste. Der Lenker bleibt gerade, man verlagert das Gewicht und wenn man nicht auf sein Vorderrad schaut, sondern auf das Ziel, das man erreichen möchte, dann klappt das auch mit dem Fahren und man landet nicht nach wenigen Metern vom Asphalt auf der Wiese. In meiner ersten Fahrstunde bin ich nach rechts in eine Hecke gefallen. Einschließlich der BMW.

Wer reitet, Ski fährt oder ähnlichen Aktivitäten nachgeht, der betreibt diese Sportart nach demselben Prinzip: Hinschauen, wo man hinwill, damit nicht plötzlich der Weg ganz ein ganz anderer ist.

Jede Frage in einem Gespräch, egal ob Interview oder Meeting, egal ob Vorstellungsgespräch oder Pitch, lenkt unsren Blick nach unten. Wo sehen Sie denn derzeit noch Defizite in Ihrer Strategie? – Und weil wir alle ständig besser werden wollen und weil wir uns oftmals eher mit den noch zu behebenden Mängeln beschäftigen und nicht mit dem bereits Erreichten, senkt sich unser Blick (gewissermaßen auf das Vorderrad) und wir merken nicht, dass wir im Gespräch bereits Fahrt aufgenommen haben. Dass von hinten mit weiteren Fragen Druck erzeugt wird und dass wir dadurch immer mehr in einen Abwärtsstrudel hineingeraten.

In diesem Fall führen uns tatsächlich die Fragen.

So scheint es jedenfalls auf den ersten Blick.

Es sei denn, wir machen uns **klare Vorstellungen** davon, was die User der Frankfurter Rundschau wissen sollten, was die Zuschauer der Aktuellen Stunde von unserem Projekt halten sollen und was die Zuhörer im NDR nach dem Interview meinen sollen. Wir brauchen klare Ziele in unserer Kommunikation, dann wissen wir anhand der Fachlichkeit und der Detailkenntnis, über die wir verfügen, auch fast wie von selbst, wie wir argumentieren müssen, um diese Ziele zu erreichen.

In solchen Fällen führt, wer antwortet.

Es ist nicht wertschätzend, einfach an einer Frage vorbeizusprechen und den Fragenden dadurch zur Bedeutungslosigkeit zu degradieren. Das kennen wir zuhauf aus dem Fernsehen/Hörfunk – insbesondere bei politischen Mandatsträgern und wir finden es weder wertschätzend noch ansprechend. Dazu an anderer Stelle mehr mit konkreten Übungsvorschlägen, wie wir das bei uns in einer viel besseren Variante trainieren können.

In meinen Kommunikations- und Medientrainings nutze ich verschiedene Möglichkeiten, in den Praxisteil einzusteigen. Eine Variante ist es, den Coachee zunächst ein **Statement** vorbereiten zu lassen, bei dem ich **möglichst wenige Vorgaben** mache. So kann ich Vorkenntnisse überprüfen, sehe, was schon vorhanden ist und wo ich noch ergänzen muss. Ferner brauche ich Dinge, die der Coachee bereits richtig anwendet, nur kurz lobend erwähnen, damit aus einer eventuell intuitiven Anwendung künftig eine bewusste wird. So sparen wir Zeit und können das Coaching effektiv angehen, beziehungsweise während des laufenden Coachings individuell anpassen, um das Maximum herauszuholen.

Bei einigen funktioniert das mit der offenen Aufgabenstellung sehr gut, andere tun sich damit schwer. Schwerer beispielsweise als bei einem Interview.

Der Grund, weshalb es schwerfällt, ein freies Fachthema in 30, 40 oder 60 Sekunden zusammenzufassen, liegt oftmals in der enormen Detailkenntnis der Probanden oder an der Komplexität des Themas. Besonders problematisch erweisen sich fiktive Einstiegsfragen, die möglichst offen formuliert sind. *„Was zeichnet Ihr Produkt denn aus?"* oder *„Warum sollte man denn ausgerechnet mit Ihnen zusammenarbeiten?"* wirken auf den ersten Blick wie leichte Einstiegsfragen, um die Gesprächspartnerin geschmeidig ans Erzählen zu bringen.

Doch genau das Gegenteil ist der Fall.

Offene Fragen im Interview können für den Antwortenden potenziell gefährlich sein, da sie ihm einen größeren Spielraum für die Antwort geben und er sich möglicherweise nicht sicher ist, welche Art von Antwort der Interviewer erwartet. Wenn der Antwortende nicht in der Lage ist, eine klare und überzeugende Antwort zu geben, kann dies wiederum seine **Fähigkeit erheblich beeinträchtigen**, den Interviewer von seinem Thema zu überzeugen. Insbesondere in der politischen Kommunikation ist dies wichtig, da es zu einer erhöhten emotionalen Wahrnehmung der Fakten beim Empfänger kommt. Wer dann beim Sprechen noch merklich konzeptioniert, vom Hölzchen aufs Stöckchen aufs Blättchen auf die Raupe kommt – und damit von der Flora in die Fauna wechselt – dem wird es enorm schwerfallen, inhaltlich zu überzeugen.

Offene Fragen in einem Interview können auch dazu führen, dass der Antwortende zu langen und ausführlichen Antworten neigt, die vom eigentlichen Thema abweichen und wertvolle Zeit verlieren – insbesondere bei den elektronischen Medien wie Hörfunk, Fernsehen oder entsprechenden technischen Adaptionen im Internet. Wenn der Antwortende nicht in der Lage ist, die Frage klar und präzise zu beantworten, kann dies den Eindruck erwecken, dass er keine klaren Gedanken hat oder nicht in der Lage ist, seine Gedanken effektiv zu kommunizieren. Dabei ist unter „effektiv" vor allem zu verstehen, dass es ihm gelingt, das Gewünschte inhaltlich zu erreichen und damit den Nutzwert für die Zuhörerinnen und Zuhörer zu erhöhen. Niemand kommt nur deshalb auf die Idee, einem Interview zu folgen, weil jemand spricht. Sondern es geht stets um den Inhalt und die inhaltliche Attraktivität des Interviewpartners. Letztlich wird auch die Sendung LANZ wegen der Gäste geschaut. Und selbst, wer nur wegen Markus Lanz einschaltet, wird ihn letztlich wegen des inhaltlichen und formalen Umgangs mit den Studiogästen sehen wollen.

Es gilt zu beachten, dass offene Fragen auch eine Gelegenheit für den Antwortenden sein können, sich von anderen Wettbewerbern abzuheben, indem er in der Lage ist, seine politischen Botschaften, die markenrelevanten Eigenschaften der von ihm hergestellten Produkte, oder die Handhabung seiner Krisenkommunikationsmaßnahmen glaubhaft und überzeugend darzulegen.

Es ist deshalb ausgesprochen wichtig, sich bei einer unpräzisen Generalfrage vor allem darauf zu konzentrieren, eine **klare und präzise Antwort** zu geben und auf die eigenen Bedürfnisse einzugehen. Schließlich hat man Ihnen soeben eine 360-Grad-Auswahl der inhaltlichen Richtung angeboten. Fokussieren Sie sich auf Ihre Kernpunkte, auf das, was Sie in den Medien verbreitet haben möchten. Wenn Sie damit nicht die Erwartung des Interviewenden erfüllen, dann soll dieser halt konkreter Fragen oder Nachfragen. Aber wenn Sie am Buffet freie Auswahl haben, müssen Sie sich nicht das auf den Teller packen, was Sie am wenigsten mögen.

Wenn Sie eine eigene inhaltliche Agenda verfolgen und dennoch auf offene Fragen im Interview antworten müssen, ist es notwendig, Ihre Antworten so zu gestalten, dass Sie Ihre Agenda ganz egoistisch einbeziehen, ohne dabei die Fragen des Interviewers vollständig zu ignorieren. Aber Sie dürfen diese Fragen mit rhetorischen Kniffen durchaus umgehen.

Praxistipps

1. *Hören Sie aufmerksam zu, was der Interviewer fragt, und stellen Sie sicher, dass Sie die Frage mit Blick auf Ihre Antwort richtig und klar definiert verstanden haben, bevor Sie antworten. Versuchen Sie, die Frage aus Sicht des Interviewers zu betrachten, um zu verstehen, welche Art von Antwort er oder sie erwartet, setzen aber sehr wohl darauf, dass Sie die Punkte ansprechen und hervorheben, die für Ihre Bedürfnisse geeignet erscheinen, dem Interview die gewünschte Richtung zu geben. Achten Sie jedoch stets darauf, dass auch der Interviewende unter Umständen eine Absicht verfolgt, das Interview in eine konkrete Richtung zu lenken; einer Redaktionsrichtung des Mediums folgen muss; eine persönliche politische/marktwirtschaftliche Agenda verfolgt.*

2. *Antworten Sie im ersten Satz direkt und unmittelbar auf die Frage. Eventuell können Sie – je nach Interviewformat – auch mit einem zweiten und dritten Satz die gewünschte Frage beantworten. Versuchen Sie dabei, so direkt und*

konkret wie möglich zu antworten, ohne wichtige Informationen auszulassen. Wenn Sie in der Lage sind, Ihre Antworten so zu formulieren, dass sie sowohl die Frage des Interviewers beantworten als auch Ihre eigene Agenda einbeziehen, umso besser.

3. *Nutzen Sie rhetorische wie inhaltliche Übergänge. Wenn Sie Ihre eigene inhaltliche Agenda einbeziehen möchten, können Sie Übergänge verwenden, um von der Antwort auf die Frage des Interviewers zu Ihrer eigenen Agenda überzugehen. Etwas hölzern, aber funktional wäre eine Formulierung wie „Das ist eine großartige Frage, die mich an eine interessante Erfahrung erinnert, die ich gemacht habe, die ich gerne teilen würde." Das gefällt mir nicht und ich rate dringend davon ab. Wir konnten es bei Helmut Schmidt[4] sehr oft beobachten: „Die Frage stellt sich so ja gar nicht. Richtiger dagegen wäre zu fragen… und das kann ich Ihnen gerne beantworten". Wir sind aber alle nicht Helmut Schmidt, dem man diese Besonderheiten bei Interviewantworten durchgehen ließ. Paraphrasieren Sie die Frage in Ihrer Antwort, geben ein konkretes Detail dazu und kommen dann zügig, aber nicht überrumpelnd, zu Ihrem Themenfeld, das Sie ansprechen möchten. Dieses müssen Sie so interessant gestalten, dass im Kopf des Fragenden weitere Fragen zu diesem Themenkomplex aufkommen. So können Sie punktuell oder auch ganz die Kontrolle über das Gespräch übernehmen.*

4. *Paraphrasieren bedeutet, einen Text oder eine Aussage in eigenen Worten wiederzugeben, ohne dabei den ursprünglichen Sinn zu verfälschen. Dabei geht es darum, das Wesentliche der Aussage zu erfassen und es inhaltlich (nicht unbedingt wörtlich) wiederzugeben. Paraphrasieren kann beim Kommunizieren mit anderen Menschen ausgesprochen nützlich sein. Es hilft, Missverständnisse zu vermeiden, aber auch das Gegenüber wertzuschätzen und ermöglicht es, komplexe Informationen verständlicher zu machen. Paraphrasieren erfordert jedoch ein gewisses Maß an Aufmerksamkeit und Konzentration, um sicherzustellen, dass die Bedeutung der Aussage korrekt wiedergegeben wird. Auf diese Weise zeigen Sie, dass Sie die Frage des Interviewers respektieren und dennoch die Gelegenheit nutzen möchten, Ihre eigenen Gedanken und Erfahrungen zu teilen. Schwierig wird Paraphrasieren während Live-Interviews, die in klar umrissenen journalistischen Formaten stattfinden. Beispielsweise ein Hörfunkinterview von zwei bis drei Minuten Länge. Hier kostet Paraphrasieren letztlich Zeit, die von Ihren Gesamtantworten abgeht.*

5. *Seien Sie konkret, weil Ihr Publikum es auch gerne konkret hat. Je konkreter die Antworten, desto geringer die Fehlerquote beim Selbstdenken der*

4 Bundeskanzler von 1974-1982 (SPD).

Zuschauer. Selbst bei Widerspruch und Widerstand zu Ihren Positionen vermeiden Sie dadurch Missverständnisse und Fehlinterpretationen. Auch die reduzierte Wahrscheinlichkeit einer Fehlinterpretation durch das Publikum, das Ihren Positionen gegenüber ausgesprochen kritisch und ablehnend gegenübersteht, kann Ihnen wiederum die Auseinandersetzung vereinfachen. Stellen Sie deshalb sicher, dass Ihre Antworten konkret und auf den Punkt gebracht sind. Vermeiden Sie es, in zu viele Details zu gehen oder von der Frage, ohne ein eigenes Ziel zu haben abzuschweifen.

6. *Üben Sie im Voraus das Überbrücken von Thema A zu den Themen B und C: Wenn Sie eine eigene inhaltliche Agenda verfolgen, ist es hilfreich, im Voraus zu üben, wie Sie Ihre Antworten so formulieren können, dass sie sowohl die Fragen des Interviewers beantworten als auch Ihre eigene Agenda einbeziehen. Und jetzt eine Weisheit aus den Binsen: Je besser Sie sich vorbereiten, desto sicherer werden Sie sich fühlen und desto erfolgreicher werden Sie im Interview sein. Faustregel: Die Vorbereitung auf ein Interview ist keine Option, sondern fester Bestandteil des öffentlichen Auftritts. Im Zweifel blocken Sie sich im Outlook einen festen Termin von ein oder zwei Stunden, den Sie ausschließlich und ohne Vergabeoption an andere für sich und Ihr Interview verwenden.*

2. Das Interview

Sie haben es im vorangegangenen Kapitel schon schonend vermittelt bekommen: Je unfokussierter die Frage, desto problematischer die Antwort.

Wenn Sie mir die Frage stellen: „Worauf kommt es bei guter Kommunikation denn an?" würde ich mit dem Anspruch, eine gescheite Antwort in 60 Sekunden auf den Punkt zu bringen, vermutlich scheitern. Wenn ich mich darauf nicht mit konstruktivem Egoismus vorbereitet hätte. Denn nach 35 Berufsjahren, davon über 20 im Bereich Coaching, kommt hoffentlich einiges an Fachwissen zusammen. Doch wo sollte ich jetzt ansetzen? Bei den Menschen, die miteinander kommunizieren? Bei dem Innenverhältnis der beiden Menschen, ob sie kollegial oder per Vorgesetzten-Status miteinander verbunden sind? Beim Thema? Beim äußeren Anlass für dieses Gespräch? Beim Kenntnisstand der Zuhörenden? Beim Top-Thema, das ich schon immer mal platzieren wollte? Beim von mir vermuteten inhaltlichen Bedürfnis des Gegenübers? – Und das könnten wir jetzt mit weiteren Fragen hier noch munter fortsetzen.

Das ist der Grund, weshalb viele Teilnehmende an dieser Stelle Schwierigkeiten entwickeln, ihr Thema in akzeptabler Zeit auf den Punkt zu bringen. Leichter fällt es ihnen in der Regel, wenn wir die gleichen Inhalte als Interview miteinander erarbeiten. Das Interview ist näher an der Kommunikations-Wirklichkeit der Teilnehmenden, denn im normalen Alltag beantworten wir ständig Fragen von Kolleginnen und Kollegen, im Dialog mit Kunden oder auch im privaten Bereich. So gut wie kein längeres Gespräch kommt ohne Fragen aus. Selbst dann, wenn sie lediglich rhetorischer Natur sind. Auch das journalistische Interview hat sich enorm weiterentwickelt, wenn man von einigen rückständigen Interviewtechniken, die sich in vielen Medien leider immer noch beharrlich am Leben erhalten, einmal absieht.

Um bei einer offenen, unfokussierten Frage brillieren zu können, bedarf es einer **Fokussierung im Vorfeld**. Sie erinnern sich noch an diese riesigen Hasen/Bären an den Losbuden auf der Kirmes aus Ihrer Kindheit? Wenn Sie den Hauptgewinn erhalten („Freie Auswahl") und sie wissen vorher bereits, dass sie den Hasen haben möchten, wird das ein leichtes Spiel. Anderenfalls stehen Sie stundenlang vor der Auswahl und kommen damit nicht klar. So ist es auch bei diesen unfokussierten Fragen. Habe ich eine CEO vor mir, beantworte ich die Frage „Worauf kommt es bei guter Kommunikation denn an?" anders als bei Studierenden aus dem Bereich Wirtschaftspsychologie oder in einer Vorlesung am Institut für Kommunikationsmanagement. Mein jüngerer Sohn bekommt darauf eine andere Antwort als sein älterer Bruder oder meine Partnerin. Mein 83jähriger Vater bekommt es anders erläutert als ein Kundenkontakt, mit dem ich noch in der Geschäftsanbahnung bin. Im Marketing machen Sie das doch auch: Eine zielgruppengerechte Ansprache. Sie müssen sich folglich bereits Gedanken über eine Antwort machen, bevor die Frage formuliert ist.

2.1 Das moderne Interview: Entwicklung und Hintergründe

In Deutschland rühmten sich Journalisten im Jahr 1882 noch, dass es ihnen gelungen war, einen 45-minütigen Monolog von Reichskanzler Fürst von Bismarck wortgetreu wiedergeben zu können.

Fast zeitgleich zur journalistischen Lage in Deutschland entwickelte die Pall Mall Gazette[5] während Oscar Wilde[6] dort arbeite, Interviewstandards, die lange Zeit – auch weit ins dritte Jahrtausend hinein – Bestand haben. Der Zeitung verdanken wir nach einem Bericht über Kinderprostitution in London, die Hochsetzung des Schutzalters von Kindern auf 16 Jahre. Der Autor dieses Artikels, William Thomas Stead[7], führte das Interview in die britische Zeitungsberichterstattung ein und setzte Standards auch in der investigativen Berichterstattung, bis er die Zeitung 1889 verlies.[8]

So weit war man in Deutschland zu dieser Zeit noch nicht. Wen wundert es, dass das Interview in Deutschland bis zum Mai 1945 zu einem wichtigen Propagandainstrument der Nationalsozialisten wurde und eher dazu diente, den Regierenden journalistisch zu dienen?

Dieses journalistische Dienen bezeichnet man heute umgangssprachlich als **Hofberichterstattung**.

Der Begriff Hofberichterstattung wiederum stammt ursprünglich aus dem Mittelalter und bedeutete nur das, was der Wortsinn wörtlich hergibt: **Berichterstattung vom Hofe**. In der Regel waren dies durch öffentliche Bekanntmachung verbreitete Informationen über klassische Adels-Ereignisse: Hochzeiten, Todesfälle, Ernennungen in den Adelsstand, Geburten und ab und zu auch mal einen Friedensvertrag, den man geschlossen hatte.

Im Laufe der Zeit wurde der Begriff jedoch eher zu einem **Schimpfwort** gegenüber allzu gefälliger Presseberichterstattung, schleimigen und schmeichelnden Fragen und dem Verzicht auf kritisches Nachfragen bei den Gesprächspartnern. Selbst, wenn sich der Begriff heute gelegentlich seinem Ursprung zuwendet (beispielsweise der Berichterstat-

5 Der Name der Zeitung steht nicht in einem Zusammenhang mit der Zigarettenmarke Pall Mall, sondern geht auf einen Straßennamen im Westen Londons zurück, in dem sich zahlreiche Gentlemens Clubs befanden.

6 1887-1889. Andere bekannte Autoren waren Bernhard Shaw und Robert Luis Stevenson.

7 Er starb beim Untergang der Titanic, 1912.

8 Die Zeitung fusionierte 1923 mit dem Evening Standard und war im Laufe der Zeit mal liberal, mal konservativ ausgerichtet.

tung rund um die Beerdigungen von Prinz Philipp und Queen Elisabeth)[9], so bleibt er dennoch negativ besetzt.

Nach dem zweiten Weltkrieg haben die Deutschen von den Alliierten zunächst Lizenzen erhalten, um Radiosender oder Zeitungen betreiben zu dürfen. Hier wurden, nicht zuletzt auch dadurch, dass die Siegermächte sehr genau hinschauten, wie sich die Medienlandschaft im Nachkriegsdeutschland (noch vor Gründung der Bundesrepublik 1949) entwickelte, zahlreiche Techniken aus angelsächsischer Interviewtechnik übernommen – und wesentlich weiterentwickelt.

Dem Radio bleibt in der Regel das große politische Interview vorenthalten, sofern nicht jemand im Wahlkampf als Länderchef/in ist. Hier ist das Fernsehen am Zug. Bundeswirtschaftsminister Ludwig Erhard[10] war der erste Interviewpartner im ZDF. Überhaupt schlägt das Fernsehen das Radio bei politischen Themen. Prägnantes Beispiel ist das Gesprächsduell von Richard Nixon (Republikaner) und John F. Kennedy (Demokrat).[11] Bei der anschließenden Befragung sahen die Radiohörer Nixon vorne (Inhalt) und die Fernsehzuschauer Kennedy (Wirkung).

Bundeskanzlerin Angela Merkel trat in Talkshows von Anne Will stets nur allein auf. So konnte sie vermeiden, dass unter Umständen Politiker der Opposition durch die Tatsache, dass man mit ihr öffentlich diskutieren könne, an Profil gewinnen. Das Umfeld von Merkel soll auf die Auswahl der Themen erheblichen Einfluss genommen haben. Das ist grundsätzlich nichts Schlechtes, denn Exklusivität verspricht auch ein Entgegenkommen der Redaktionen. Der Redaktion Anne Will war sehr wohl bewusst, dass die Inhalte der Sendung anschließend in allen anderen Medien zitiert werden würden und auch auf die Bedeutung der Fernsehsendung einzahlen würden. Politische Stäbe schauen sehr genau hin, wem man wann welche Exklusivität einräumt – und achten in der Regel auf eine gewisse Ausgewogenheit. Letztlich ist Exklusivität stets eine Machtdemonstration, bei der es zu berücksichtigen gilt, dass eine Exklusivität mit Medium A zugleich auch einen Ausschluss der Medien B-Z bedeutet.

Exklusivität kann man auch zwischen den Mediengattungen aufteilen. Ich hatte beispielsweise im Mandantenauftrag der Süddeutschen Zeitung für Online und Print eine Exklusivität eingeräumt, sowie dem Bayerischen Rundfunk für TV und Hörfunk. Hier

9 Der Privatsender RTL strahlte an dem Tag zwei direkt aufeinander folgende Sendungen aus – insgesamt 9 Stunden und 45 Minuten und damit nur 45 Minuten länger als das ZDF (9-18 Uhr). ARD und ZDF sicherten sich ca. 50 Prozent Marktanteil. Wenn es Sie wirklich interessiert: https://www.dwdl.de/zahlenzentrale/89786/ard__zdf_dominieren_bei_berichterstattung_um_queenbeerdigung/?utm_source=&utm_medium=&utm_campaign=&utm_term=.

10 1949-1963 Bundeswirtschaftsminister (CDU). Seine Amtszeit wird heute noch mit dem sogenannten Wirtschaftswunder in Verbindung gebracht.

11 26.9.1960 – das erste Kandidaten-Duell überhaupt, das live übertragen wurde.

muss man die Bedürfnisse beider Medien abstimmen und gegenseitig Rücksicht nehmen. So hatte beispielsweise die Süddeutsche am Stichtag die Story morgens im Blatt und Online – mit Verweis auf die abendliche TV-Ausstrahlung. Es hilt natürlich, wenn man die Mediengattungen auch aus der redaktionellen Arbeit von innen kennt. Das erhöht die Akzeptanz bei den Gesprächspartnern und vermeidet Missverständnisse.

Olaf Scholz setzt auf die gleiche **Exklusivität** – mit Risiko für die Redaktion, denn wenn Scholz wieder einen seiner zahlreichen Phrasentage hat, könnte im Vergleich mit Olaf Scholz das Sandmännchen so knackig wirken wie Wacken Open Air.

Da der Live-Übertragung von Parlamentsdebatten nicht mehr die Aufmerksamkeit entgegengebracht wird wie noch in den 1980ern und Anfang der 1990er Jahre, ist die **politische Talkshow** insbesondere für politische Akteure in vielen Fällen ein wichtigerer Kanal zu den Bürgerinnen und Bürgern geworden als der Deutsche Bundestag. Obwohl sich Abgeordnete selbst in den kürzesten Reden bereits in der Schlagzeilengenerierung versuchen.

Diese Dauerinterview-Sendungen sind streng genommen keine reinen Interviews, sondern eher **Streitgespräche**.

Eine der inzwischen überholten Standards des 19. Interview-Jahrhunderts war die Technik, nach jeder Antwort das Thema zu wechseln, beziehungsweise sich einem anderen Teilaspekt zuzuwenden. Frage zu Thema 1, Antwort zu Thema 1, Frage zu Thema 2, Antwort zu Thema 2, vertiefende Frage zu Thema 2, vertiefende Antwort zu Thema 2, Frage zu Thema 3, Antwort zu Thema 3 und so weiter und so weiter.

Das ist heute – bei einem guten Interview – längst überholt. Gute Interviews sind in der Regel kontrovers geführte Streitgespräche. Dabei ist die wichtigste Eigenschaft für denjenigen, der die Fragen stellt: **Zuhören**, was der Gesprächspartner sagt. Der öffentlich-rechtliche Sender Deutschlandfunk (DLF) warb vor vielen Jahren einmal mit dem Slogan „...sagte im Deutschlandfunk" und betonte damit seine Multiplikatoren-Bedeutung in der Medienlandschaft Deutschlands. Damit suggerierte er, was tatsächlich oft passiert, dass er in anderen Medien als besonders bedeutsame Primärquelle zitiert wird. Warum folglich nicht direkt die Primärquelle hören? Das Interview – und zwar deutlich länger in einem Wortprogramm als nur die 1.30 oder 2.30 Minuten in den gängigen Wellenformaten anderer Hörfunkwellen – ist hier zu einer der wichtigsten journalistischen Darstellungsformen geworden. Das hat verschiedene Gründe. **Inhaltliche** – aber auch **finanzielle**.

Beginnen wir beim schnöden Mammon. Natürlich erhalten Gesprächspartner für Interviews kein Geld. Das gilt hundertprozentig für Gesprächspartnerinnen und Gesprächspartner aus Politik und Wirtschaft. Niemand käme auf die Idee, einem Fraktionsvorsitzenden Geld dafür zu bezahlen, dass er im Interview seine Positionen und Ansichten vertreten darf. Ebenso gilt dies für Industrievertreter. Es gibt allerdings Ausnahmen und Gepflogenheiten. So erhalten oftmals Professoren von Universitäten und Hochschulen ein Interviewhonorar in einem niedrigen dreistelligen Eurobereich. In der Redaktion eines ARD-Hörfunkprogramms haben wir es damals so gehandhabt: Wer fragt, bekommt etwas, wer nicht fragt, bekommt nichts.[12]

Dazu kommt, dass Moderatorinnen und Moderatoren, sofern sie nicht fest angestellt sind, für ihre Sendungen ein Pauschalhonorar bekommen und in der Regel ihre Interviews am Vortag oder kurz vor der Sendung selbst vorbereiten müssen. Somit fallen in der Redaktion keine weiteren Kosten an. Beim privaten Hörfunksender Radio Köln ging uns ungefähr Mitte September das Geld aus und wir Moderatoren in der Primetime mussten ein Interview nach dem anderen führen. Ich habe diese Zeit geliebt, weil ich Interviews stets gerne geführt habe, aber wir haben eine Menge dafür ranklotzen müssen.

Andererseits führt die **Paywall** im Online-Journalismus zu erheblichen Missverständnissen bei denjenigen, die überkritisch hinschauen, dabei aber relativ wenig Medienkompetenz[13] vorweisen können. So hatte in der Corona-Phase der Virologe Hendrick Streeck, Direktor des Institutes für **Virologie** am Universitätsklinikum Bonn, dem Handelsblatt ein Interview gegeben, das im Laufe des Tages vom Handelsblatt hinter die Bezahlschranke gepackt wurde.[14] Streeck musste sich daraufhin auf Twitter den Vorwurf machen lassen, er würde sich als Virologe daran bereichern. Ich kenne sowohl Herrn Streeck als auch Kolleginnen/Kollegen des Handelsblattes und halte es für absolut ausgeschlossen, dass das Handelsblatt hier ein Honorar gezahlt hat. Woher kommt folglich eine derartig dumme Reaktion in der Öffentlichkeit? Ferner wäre es auch ohne Medienkompetenz – dafür aber mit gesundem Menschenverstand – schon selbsterklärend gewesen, dass Interviewpartner nicht kommerziell an den Erlösen eines freien Mediums beteiligt werden.

Sie haben in Deutschland einen im Grundgesetz verbrieften Anspruch darauf, Zugriff auf freie und unzensierte Medien zu haben.[15] Das Grundgesetz gibt ihnen aber nicht den

12 Ich habe es stets auf eine Eskalation ankommen lassen und grundsätzlich erst einmal kein Honorar angeboten. Meine Argumentation: Wir leben von Rundfunkgebühren und Frau Professor von staatlichen Geldern. Kommunikation über Forschungsinhalte und Fachgebiet müssen im Interesse wissenschaftlicher Tätigkeit stehen – warum sollten wir als Bürgerinnen und Bürger (die Rundfunkgebühren und Steuern entrichten müssen) doppelt für eine Leistung bezahlen? Sie merken: Ich halte dieses Vorgehen der offensiv angebotenen Honorarzahlung nicht für rechtens. Ich selbst verzichte grundsätzlich drauf, Honorare bei Sendern einzufordern, wenn das Interview mein Fachgebiet betrifft. Was nicht bedeutet, dass ich mich Honoraren verweigere, wenn sie mir ungefragt angeboten werden. In der Regel sind das 200 Euro für ca. 4 Minuten Interview.

13 Mehr dazu in diesem Buch beim Thema „Medienkompetenz".

14 Ein branchenüblicher Vorgang: Zunächst bleibt das Interview frei zugänglich – es wird von zahlreichen Menschen viral geteilt – und dann packt man es hinter die Bezahlschranke.

15 Artikel 5 garantiert die Freiheit von Lehre, Forschung, Wissenschaft und Medien (in den 19 Artikeln der Grundrechte). Die Unabhängigkeit der Justiz kommt erst in Artikel 97 bei den allgemeinen Regelungen.

Anspruch, diesen Journalismus **kostenlos** zu bekommen. Es verwundert niemanden, dass er für die Printausgabe des Handelsblattes Geld bezahlen muss – schließlich erhält er dafür auch tote Bäume mit bedrucktem Content. Nun mag die Flatrate fürs Internet bereits bezahlt sein – aber der Content des Handelsblattes muss dennoch extra bezahlt werden. Warum ist das so schwer zu verstehen? Netflix kommt auch übers Internet zu uns und niemand wundert sich darüber, dass wir dafür ebenfalls ein weiteres Mal bezahlen sollen. Wieso ist eine Gesellschaft bereit, für fiktionale Inhalte Geld auszugeben – und für non-fiktionale Inhalte nicht?

Wer allerdings ein Honorar erhalten muss (!) sind Kolleginnen und Kollegen, die als freiberufliche Korrespondenten/innen und Reporter/innen im Kollegengespräch von Ereignissen berichten. Hier wird anstelle eines produzierten Beitrags die Form des Gespräches gewählt. Das ist insbesondere dann eine gute Lösung, wenn sich das Ereignis ständig weiterentwickelt (Flut, Parteitag, Sportereignis, Krieg usw.) oder wenn die Produktionsbedingungen vor Ort nicht so sind, dass ein Beitrag mit O-Tönen[16] sinnvoll herzustellen ist. Kollegengespräche sind keine Interviews im klassischen Sinne, wo spontan nachgefragt wird oder man sich gar in eine inhaltliche Konfrontation begibt. In der Regel geben die Reporter/innen dem Moderationsteam die Fragen vor, damit sie anhand dieser Fragen – die letztlich nur Stichworte sind – ihre Geschichte von vor Ort erzählen können. Ruckelt es einmal in der Absprache und man sorgt als Moderator dafür, dass wegen einer holprig formulierten, oder vollkommen unabgesprochenen Frage der Reporter ins Schwimmen gerät oder ganz absäuft, dann können sie sich darauf gefasst machen, dass die Nachbesprechung durch gewisse emotionale Komponenten angereichert, wenn nicht gar dominiert wird.

Sie können diese Form der Absprachen in der Regel im Hörfunk bei den Abschlussgesprächen zum Börsentag erkennen. Meist erfolgt dieses Kollegengespräch unmittelbar nach Börsenschluss – produzierte Beiträge ergeben hier keinen Sinn, weshalb man das Live-Gespräch wählt. Der Börsenschluss und der Zeitpunkt der Berichterstattung liegen zeitig sehr eng beieinander, so dass ein produzierter Beitrag keinen Sinn ergeben würde.

Von Moderatorenseite wird das in der Regel als „Interview" wahrgenommene Gespräch mit Einwürfen wie „Und was haben wir beim Gold Neues zu vermelden?" oder „Beim DAX war doch heute sicher eine Menge los" angereichert. Es bedeutet journalistisch keine Abstriche in der Qualität – aber es ist dialogisch für Sie über eine Strecke von vier Minuten angenehmer zu verfolgen als ein vierminütiger Monolog des Börsenexperten. Ganz zu schweigen von einem 45-minütigen Monolog derer von Bismarck.

Bereits seit einiger Zeit hat auch die Tagesschau interviewähnliche Elemente in der 20-Uhr-Hauptausgabe. Vorsicht! Das kann niemals ein Interview sein, denn im Studio

16 O-Ton = Originalton. In der Regel ein Zitat in Ton/Video eines Interviewten, Ausschnitt aus einer Pressekonferenz, einer öffentlichen Rede usw.

mit den Zetteln in der Hand sitzt beispielsweise Susanne Dauber. Sie ist Sprecherin (!) der Tagesschau – keine Moderatorin[17] oder Redakteurin. Deshalb sind diese Fragen reine Stichworte für das Live-Element, niemals echte Interviewfragen. Anders verhält es sich dann wiederum bei den Tagesthemen. Dort werden die Interviews von den Moderatoren und Journalisten im Studio geführt – echte Interviews! – und es sind keine Fragen, die von einer Sprecherin aufgesagt werden.

Dieser kurze Exkurs in die Geschichte des Interviews und seine Begrifflichkeiten musste sein, denn dann werden meiner Überzeugung nach die weiteren Punkte etwas klarer und leichter verständlich.

2.2 Das Interview in der Unternehmenskommunikation

Durch ein Interview erhalten wir folglich **Anhaltspunkte** darüber, welche **Thementeilbereiche** nun von uns abgefragt werden. Wir brauchen uns dem Prozess der Auswahl nicht mehr zu stellen und empfinden dies als nützlich und hilfreich. Vorsicht: So bequem und logisch das auch klingen mag – ich werde einige Seiten später diesem Ansatz widersprechen. Denn sonst komme ich nicht zum Beleg meines Ansatzes:

Wer antwortet, führt.

Diese Interviewform funktioniert insbesondere sicher, wenn Sie den **eigenen Medien aus Ihrer Organisation** ein Interview geben. Beispielsweise für das Intranet, ein Kundenmagazin oder eine Zeitschrift für die Belegschaft. Aber Vorsicht: Das ist gewissermaßen auch nur ein simuliertes Interview, ähnlich den Kollegengesprächen bei der Tagesbörse oder dem Außeneinsatz mit Live-Schalte. Die Frage wird letztlich zu beantworten sein, ob Ihre Kundschaft, Ihre Belegschaft diese weichgespülten Informationen noch als realistisch und wahrhaftig wahrnimmt – oder direkt als PR abtut. Wenn Sie beispielsweise in Köln für die Belegschaft der Ford-Werke Kommunikation betreiben, kann es durchaus hilfreich sein, sich Gedanken darüber zu machen, ob ein Hochglanzprospekt am Werktor das geeignete Medium ist, oder lieber doch BILD-Köln oder der türkische Hürriyet[18].

17 Susanne Daubner arbeitet zwar auch als Moderatorin, jedoch nicht in der Tagesschau. Tagesschau-Sprecher/innen haben strenge Auflagen, welche Art von Sendungen und Veranstaltungen sie moderieren dürfen. Schließlich soll ihre Seriosität als Nachrichtengesicht nicht darunter leiden.

18 Gelegentlich kommt es auch zu Kooperationen der beiden Zeitungen. Kai Diekmann saß in seiner Zeit als BILD-Chefredakteur im Beirat des Hürriyet und 2011 wurden beide Zeitungen für ihre publizistischen Verdienste sogar mit dem bayerischen Integrationsbrief ausgezeichnet, der vom Integrationsbeauftragten der Staatsregierung vergeben wird.

Praxistipp

Wichtig! *Lassen Sie sich von den hauseigenen Medien so interviewen, wie kritische Journalistinnen dies bei freien Medien auch machen würden. Sie haben in den hauseigenen Medien doch ohnehin die Hoheit darüber, was von Ihren Antworten gedruckt wird – wo liegt das Problem? An Glaubwürdigkeit werden Sie enorm gewinnen bei der Belegschaft.*

Ich weiß von einem Kundenmedium, bei dem sich die ganze Firma über Monate auf eine Ausschreibung beworben hat, die das Geschäftsfeld von heute auf morgen gewissermaßen verdoppelt und die finanzielle Zukunft des Unternehmens auf Jahre gesichert hätte. Es wurde nichts daraus. Die Enttäuschung im Unternehmen war dementsprechend groß. Viele hatten Hoffnungen darauf gesetzt: Sicherheit der eigenen beruflichen Zukunft in einer Branche, die immer mehr unter Druck gerät, Vertragsverlängerungen, Wandlung von Zeitverträgen in unbefristete Arbeitsverhältnisse, Übernahme nach der Ausbildung, persönliche Bonuszahlungen, neuer Dienstwagen, größerer Dienstwagen – was halt in den Köpfen der Mitarbeitenden herumschwirrt, wenn es um dreistellige Millionenbeträge für das Unternehmen in den nächsten Jahren geht. Wie geht man nun im Interview für die Mitarbeiterzeitschrift damit um? So viele Hoffnungen, die enttäuscht wurden. So viel Arbeit inkl. aller Überstunden, die nun vergeblich war.

Ganz einfach: Der Vorstand beantwortete genau die Fragen im Magazin, die der Belegschaft im Kopf herumschwirrten: „Was bedeutet das nun für unsere Arbeitsplätze?", „Wird uns der Jahresbonus gekürzt oder gar ganz gestrichen?", „Was heißt das für unseren Standort?", „Verlieren wir jetzt Marktanteile an Billiganbieter aus Osteuropa?", „Geraten wir nun bei unseren Bestandskunden unter Druck?" – Das alles sind logische, nachvollziehbare und absolut naheliegende Fragen. Der Vorstand hat all diese mit Bravour beantwortet, die Stimmung in der Belegschaft sprang jetzt nicht unbedingt auf das Level „Wir sind soeben Fußball-Weltmeister geworden", aber die Depression griff nicht um sich. So muss es sein.

Natürlich sind all diese Fragen für den Vorstand unangenehm. Und ebenso natürlicherweise will man sich gerne davor drücken. Aber hey: Man ist schließlich Vorstand geworden, weil zum dutzendfachen Facharbeitergehalt, welches man jeden Monat bezieht, auch eine gehörige Portion **Verantwortung** gehört. Nun ist es an der Zeit, zurückzuzahlen.

Die Belegschaft weiß eine **offene und transparente Kommunikation** sehr zu schätzen. Abgesehen davon rechnet sich für Sie dann der Aufwand betriebsinterner Medien, denn wenn diese nicht konsumiert werden oder keine Glaubwürdigkeit entfalten, ist es herausgeworfenes Geld.

2.3 Das Interview in den Medien

Fragen geben uns folglich in vielen Situationen einen festen Halt, Orientierung, worauf die Interviewende hinaus möchte, und wir können uns in der Fachlichkeit etwas strukturierter bewegen.

Aber spätestens dann, wenn Sie hinterher in der freien Presse das Ergebnis in der Hand halten, oder in Ihrer App sehen, kommt die Frage: „Wieso haben die denn darauf den Schwerpunkt gelegt? Das war doch nur ein Nebenaspekt und ich hatte das nur kurz erwähnt?"

Das mag vielleicht daran liegen, dass es nicht die Aufgabe der Medien ist, bei einer Themengewichtung von 80/20 Prozent dies auch genauso in der Berichterstattung wiederzugeben. Wenn die 20 Prozent allerdings 100 Prozent Newswert haben – warum sollte man dann nicht ausschließlich auf die 20 Prozent zurückgreifen und daraus die Geschichte stricken? Und wenn Sie dann zu Ihrem Coach ein gutes, offenes Verhältnis pflegen, werden Sie die Frage gestellt bekommen „Warum haben Sie über diese 20 Prozent denn überhaupt gesprochen?", dann sollte Ihre Antwort darauf nicht sein: „Weil die danach gefragt haben."

Denn: Wer antwortet, führt!

Der SPIEGEL war eines der ersten Nachkriegsmedien, die Gesprächspartnern die Möglichkeit zu einer nachträglichen Autorisierung einräumten. Bitte beachten Sie, dass Sie in Deutschland zwar einen Rechtsanspruch darauf haben, dass ein Zitat von Ihnen korrekt wiedergegeben wird – aber Sie haben keinen Rechtsanspruch darauf, dass man Ihnen dies vor einer Veröffentlichung vorlegt.

Hand aufs Herz: Sie möchten doch kein Geld für ein Medium ausgeben, wenn Ihnen bewusst wäre, dass jedes Zitat zuvor mit Firmen und Pressestellen von Ministerien abgestimmt wurde. Andererseits erwarten Sie als Interviewpartnerin aber genau das wiederum von einem Medium. Das ist der Unterschied zwischen Medienkonsument sein und Gegenstand der Berichterstattung werden.

Es geht mir nicht anders. Wenn ich selbst interviewt werde, möchte ich auch maximale Kontrolle über meinen Content ausüben. Am Ende steht immer ein **Kompromiss** – hoffentlich auf Augenhöhe für meine Medienkollegen.

Hier kommt es stets auf die Verhandlungen im Vorfeld an.

Praxistipp

Lassen Sie diese Verhandlungen stets von der Kommunikationsabteilung oder Ihrer PR-Agentur führen. Wenn diese das machen, ist es die übliche Dienstbeflissenheit der Kommunikationsverantwortlichen – wenn es von der Interviewpartnerin selbst gemacht wird, ist es ein Zeichen von Schwäche.

Beispiel

Für einen Buchbeitrag über das Verhältnis zwischen Journalisten und Gerichten in einem Karriereratgeber für Juristen habe ich ein Telefoninterview mit dem Medienrechtsanwalt Professor Matthias Prinz[19] *geführt, welches ich vereinbarungsgemäß an meinem Telefon mitgeschnitten habe. Seine Assistentin teilte mir höflich mit, Prinz wünsche den vollständigen Beitrag vor der Veröffentlichung zur Freigabe vorgelegt zu bekommen. Das ist eine kernige Maximalforderung und ich möchte mit einem Medienanwalt nicht darüber diskutieren müssen, ob Sachverhalte, die auf anderen Quellen und Gesprächspartnern beruhen, in meinen Text gehören oder nicht. Netter Versuch – und wenn man sich als Journalist darauf einlässt ein klarer Punktsieg für Herrn Prinz. Mit der sinngemäßen Antwort, dass Herr Prinz gerne seine wörtlichen Zitate vor Veröffentlichung freigeben könne, jedoch nicht den Gesamtbeitrag, der in der Verantwortung der Redaktion liege, musste sich seine Assistentin also zufriedengeben.*

Matthias Prinz erwähnte die Forderung, die (wissentlich oder auch unwissentlich) in seinem Namen erhoben wurde, im Vor- und Nachgespräch zu unserem Interview mit keiner Silbe. Das Interview verlief absolut professionell und in sehr angenehmer, konstruktiver Atmosphäre. Die Autorisierung ging ohne nennenswerte Änderungen vonstatten. Bis heute ist mir nicht klar, ob Matthias Prinz diese Forderung als Auftrag an seine Assistentin gegeben hat, oder ob diese aus eigenem Antrieb des Vorzimmers entstand.

Auf jeden Fall professionell gelöst: Lässt sich der Journalist auf die Maximalforderung ein, hat Prinz bereits vor der Veröffentlichung einen klaren Vorteil. Lässt der Journalist sich nicht darauf ein und erhebt die Forderung thematisch zum Gegen-

19 Er vertrat u.a. Caroline von Monaco gegen die BUNTE („Caroline-Urteil") und setzte einige Präzedenzurteile zum Schutz der Privatsphäre Prominenter durch. Er schrieb Pressegeschichte, da er 23 Medienunternehmen zwang, Gegendarstellungen auf der Titelseite zu veröffentlichen (z.B. BUNTE). Für Prinzessin Madeleine von Schweden erstritt Prinz ein für deutsche Verhältnisse enormes Schmerzensgeld in Höhe von 400.000 Euro.

stand des späteren Gespräches, kann Prinz im Zweifel auf sein Vorzimmer verweisen und steht in jedem Fall unbelastet da.[20]

Die **Autorisierung** bei einem journalistischen Interview bezieht sich stets auf die Zustimmung des Interviewten zur Veröffentlichung von Zitaten, Aussagen oder Informationen, die während des Interviews gemacht wurden. Meistens geht der Wunsch von der interviewgebenden Seite aus. Jedoch kann ein Journalist ebenfalls im eigenen Interesse eine Autorisierung anfordern, um sicherzustellen, dass der Interviewte mit der Verwendung seiner Aussagen einverstanden ist und keine Bedenken hinsichtlich der Verwendung hat. In der Regel dient dies der rechtlichen Absicherung des Mediums.

Die Absprache zur Autorisierung erfolgt in der Regel **vor** dem Interview. Nur in wenigen Ausnahmefällen erfolgt dies nach dem Interview. Wenn sie vor dem Interview erfolgt, werden die Bedingungen der Autorisierung in der Regel besprochen, um sicherzustellen, dass der Interviewte versteht, was von ihm erwartet wird. Das bedeutet zum Beispiel die Grenze bei inhaltlichen Veränderungen oder Kürzungen, dem nachträglichen Hineinverhandeln nicht besprochener Inhalte sowie dem akzeptablen Umfang eventueller Änderungen. Nicht zu vergessen: Das Timing. Dem Interviewgebenden muss klar sein, dass das Medium an Redaktionsschluss und Veröffentlichungstermine gebunden ist. Es ergibt wenig Sinn, ein Interview zur Sicherheitslage in der Welt beispielsweise erst drei Wochen nach der Münchner Sicherheitskonferenz zu veröffentlichen, wenn es im Gespräch um Inhalte geht, die auf der Konferenz Thema sein werden. Erfolgt die Autorisierung nach dem Interview, wird dem Interviewten normalerweise eine Transkription oder Zusammenfassung des Interviews zur Überprüfung und Genehmigung vorgelegt, bevor es veröffentlicht wird.

Das ist keineswegs eine Abwertung des Gesprächs und muss nicht zwingend jegliche Würze oder gar Schärfe aus der Unterhaltung heraushalten. Im Gegenteil: Ein konservativer Spitzenpolitiker ist in der linksalternativen taz unter Umständen sogar attraktiver platziert. Oder eine linke Politikerin im Gespräch mit dem konservativen Cicero.

Es ist wichtig zu beachten, dass die Autorisierung nicht die Verantwortung des Journalisten für den Inhalt des Interviews oder die Richtigkeit der Informationen, die darin enthalten sind, beeinträchtigen sollte. Ein Interviewer muss stets bemüht sein, korrekte und ausgewogene Berichterstattung zu liefern, auch wenn eine Autorisierung vorliegt. Die komplette Autorisierung entbindet Medium und Journalist nicht von den üblichen rechtlichen Anforderungen, denen eine journalistische Berichterstattung unterliegt.

Seien Sie bei der Autorisierung bitte **respektvoll und sorgsam**. Zwar gibt Ihnen die Vereinbarung zu einer Autorisierung eine gewisse Sicherheit – aber wenn Sie den Bogen

20 Prinz-Passage gekürzt aus: *Buschardt*, Warum wir Kommunikation neu lernen müssen, S. 133 ff.

überspannen, kann die Sehne auch reißen. Derartige Erfahrungen mussten schon einige Prominente machen und einer der aktuell bekanntesten davon ist Kanzler Olaf Scholz. Dieser hatte in seiner Zeit als SPD-Generalsekretär unter Gerhard Schröder auf dem SPD-Parteitag mit lauen 53 Prozent[21] ein mittelmäßiges Ergebnis eingefahren. Er muss bei der Wahl zum SPD-Vorsitz, der schließlich an Saskia Esken und Norbert Walter-Borjans ging, die zuvor in einer Stichwahl gegen das Duo Scholz/Geywitz gewonnen hatten, ein Deja-vu gehabt haben[22].

Scholz gab anschließend der linksalternativen taz ein Interview,[23] das er anschließend zurückzog. Die taz schrieb daraufhin:

> *„Der SPD-Generalsekretär Olaf Scholz gibt der taz beim SPD-Parteitag ein Interview und verweigert dann die Veröffentlichung. Wir dokumentieren diesen Fall als Beispiel einer um sich greifenden Unsitte: Nichts kommt ungeglättet in die Presse.*
>
> *In ihrer heutigen Ausgabe macht die taz ein Problem öffentlich, das schleichend zu einer Aushöhlung der Pressefreiheit führt: Politiker lassen sich Interviews nach dem Gespräch vorlegen, ehe sie einer Veröffentlichung zustimmen. Was als freiwillige Vereinbarung zwischen Interviewern und Interviewten begann, wird von Politikern immer häufiger missbraucht: Sie beanspruchen, nicht nur Einfluss auf die Antworten zu nehmen – auch missliebige Fragen werden gestrichen.*
>
> *Im Fall Olaf Scholz hält die taz sich an die Vereinbarung – und druckt nur die Fragen, die unser Korrespondent dem Generalsekretär auf dem Parteitag stellte. Scholz' Antworten sind von der taz geschwärzt, da die SPD sie nicht freigab. Auf Initiative der taz greifen heute auch andere Zeitungen den Missbrauch der „Autorisierung" auf: Berliner Zeitung, FAZ, Financial Times Deutschland, Frankfurter Rundschau, Kölner Stadt-Anzeiger, Süddeutsche Zeitung, Tagesspiegel und Welt."*[24]

Interessant ist vor allem die **grafische Aufbereitung**, die die taz gewählt hatte, bei der sich die taz-Grafikabteilung sehr schön austobte: Hier im Text wird von einer „Schwärzung" der Antworten geschrieben. Doch wie sah die Schwärzung aus? Das Interview wurde an der prominentesten Stelle platziert, die ein Printmedium hat: Die obere Hälfte der Seite Eins. Die Schwärzungen an den Scholz-Antworten waren jedoch nicht saubere, schwarze Balken, wie man es aus den Medien von teilgeschwärzten Geheimdienstakten kennt. Im Gegenteil: Die taz hatte sich für einen Edding entschieden, der mit wilden,

21 Zum Vergleich: Der aktuelle SPD-Generalsekretär, Kevin Kühnert, holte 77,8 Prozent.

22 Scholz wurde mit knappen 53 Prozent im Jahr 2003 SPD-Generalsekretär.

23 Vgl. Printausgabe der Taz vom 23.11.2003.

24 Im taz-Archiv unter taz.de noch abrufbar. Stand: Anfang 2023.

kräftigen Strichen in Schwarz die Antworten des SPD-Generalsekretärs geschwärzt hatte. So, als hätte dort jemand seiner Wut über den Rückzug der Antworten freien Lauf gelassen[25].

Interessant ist dabei zu beobachten, dass auch Medien mit deutlich anderer politischer Ausrichtung als die linksalternative taz, beispielsweise die FAZ oder die WELT, ebenfalls auf diese Autorisierungspraxis eingegangen sind. Das ist **journalistische Solidarität** – aber auch journalistisch notwendig, denn Standards müssen generell gelten und nicht nur bei einigen Medien. Somit profitieren oder leiden alle damit. Hätte Olaf Scholz damals schon internationale Bedeutung gehabt, könnte der Streisand-Effekt[26] aus demselben Jahr auch Scholz-Effekt geheißen haben.

Grafisch vornehmer, dafür aber nicht weniger peinlich ging das Handelsblatt mit dem damaligen Chef der BNP Paribas, Baudouin Prot, um. Dieser lies nach einem Interview, zu dem er auch für den Fotografen posiert hatte, alle Antworten zurückziehen. Das Handelsblatt druckte daraufhin eine Doppelseite mit Fotos, darunter die üblichen Bildmotive, die wie aus dem Gespräch wirken und in der Regel mit Zitaten versehen werden, und lies die Stellen für die Antworten frei.[27] Damit Sie sich ein Bild von den angeblich problematischen Fragen machen können, hier die Fragen des Handelsblattes in einigen repräsentativen Auszügen:

> *„Herr Prot, Krisenstimmung überall in Europa, wie sieht die Lage an den Finanzmärkten derzeit wirklich aus?"*
>
> *„Das soll optimistisch klingen, aber vertrauen Sie wirklich den Äußerungen einzelner Staatschefs, dass sie ihre Haushalte in Ordnung bringen? Wir denken zum Beispiel an Italien."*
>
> *„Aber die Politik hat reagiert, nicht agiert. Wurden die jüngsten Sparbemühungen nicht gerade von den Märkten erzwungen?"*
>
> *„Auch Frankreich hat seine Probleme. Sind Sie sich sicher, dass Ihr Land weiter die Bonitäts-Bestnote „AAA" behält oder, genauer gesagt, behalten darf?"*

---

25 Online ist es bei der taz nicht mehr abrufbar. Aber wenn Sie es gerne als Scan von der Printausgabe hätten: training@buschardt.de.

26 Als Streisand-Effekt bezeichnet man die unkontrollierte Verbreitung von Informationen, die ohne eine rechtliche Auseinandersetzung niemand mitbekommen hätte. Die Schauspielerin Streisand klagte auf 50 Millionen US-Dollar gegen einen Fotografen, der unter 12.000 Luftaufnahmen von Kaliforniens Küste u.a. ihr Privathaus auf einer Webseite veröffentlicht hatte. Niemand wusste bis zu diesem Zeitpunkt, dass es sich um das Haus von Barbara Streisand handelte. Bis dahin wäre es nur ein Haus an einer Küste gewesen. Ach ja: Die Klage wurde abgewiesen.

27 Handelsblatt vom Oktober 2011, in der von mir hier beschriebenen Form online nicht abrufbar, der Scan der Printausgabe liegt mir jedoch vor.

> *„Können Sie angesichts der Diskussionen um das wackelige Rating und die Probleme der französischen Banken (…) noch ruhig schlafen?"*
>
> *„Traut der Markt den Italienern wieder, oder helfen derzeit nur die Staatsanleihekäufe durch die Europäische Zentralbank?"*
>
> *„Irgendwie drängt sich nach Ihren Worten das Gefühl auf, die Europäer haben das schlechte Image und die Amerikaner die Probleme. Ist das wirklich so?"*
>
> *„Stellt es die Investoren zufrieden, wenn sie künftig keine oder nur eine kleine Dividende bei Ihren Bankaktien verdienen?"*

Die beiden Fragenden Nicole Bastian und Robert Landgraf sind erfahrene Journalisten auf ihrem Gebiet und die Fragen an den Bankvorstand absolut in Ordnung. Dort werden weder Grenzen überzogen, noch wird er übermäßig in die Ecke gedrängt. Da ich auch im Bereich Investment-Banking coache, weiß ich um die Brisanz vieler Themen – aber auch um die Chancen, die in den Antworten stecken können. Und mit „Chancen" meine ich keinesfalls ein PR-Synonym für „Risiken". Ich meine wirklich „Chancen". So, wie es der Duden sieht: 1) günstige Gelegenheit, Möglichkeit, etwas Bestimmtes zu erreichen und 2) Aussicht auf Erfolg.

Das Handelsblatt kommentierte die Veröffentlichung sehr transparent für die Leserschaft:

> *„So ein Interview wie dieses haben Sie noch nicht gelesen! Es ist sinnbildlich für die aktuelle Lage der Banken in Europa. (…)*
>
> *Baudoin Prot, der Chef von BNP Paribas, der größten französischen Bank[28], hat die Handelsblatt-Redakteure (…) zum Interview empfangen. Anschließend wurden die Antworten von Baudouin Prot mehrfach überarbeitet und schließlich zurückgezogen. Angesichts der aktuellen Lage im Bankensektor wollte man sich nicht mehr äußern. Das Handelsblatt dokumentiert ein Interview ohne Antworten – stellvertretend für eine Geldelite, der es die Sprache verschlagen hat."*[29]

Doch BNP machte das Ganze nur noch schlimmer: Nach der peinlichen Veröffentlichung des Handelsblattes mit den Freiflächen bei den Antworten, stellte die Bank geschönte Antworten auf ihre eigene Webseite[30] – auf Englisch. Das Handelsblatt blieb journalistisch sauber und verlinkte ordnungsgemäß von der eigenen Webseite auf die Antworten der Bank. Die Leserschaft konnte sich selbst ein Bild davon machen.

Diese Liste der peinlichen und unprofessionellen Autorisierungspraxis ließe sich fast beliebig fortsetzen. Mit einem ehemaligen FDP-Parteivorsitzenden, mit einem Tatort-Kom-

---

28 Und ernannt zum Offizier der Ehrenlegion.

29 Zitiert nach dem Scan der Printausgabe.

30 Inzwischen sind die Antworten wieder offline, daher kein Quellenhinweis.

missar, sogar mit einem Chefredakteur, der einem anderen Medium ein Interview gibt, es dann jedoch wieder einkassieren lässt und mit vielen anderen. Die Mechanik ist stets dieselbe: Man vereinbart Spielregeln – und die Seite der Interviewten hält sich nicht daran. Dann darf man sich jedoch auch nicht wundern, wenn sich im Nachhinein die Medienseite mit ihren Mitteln wehrt.

Ich empfehle, zwischen der Interviewfassung im Original und der anschließend zu autorisierenden Fassung eine Differenz von **fünf Prozent, maximal zehn Prozent** aufkommen zu lassen. Das sollte für ein Medium noch als akzeptabler Rahmen gelten. Die Autorisierung schafft einen gewissen Sicherheitsrahmen – aber sie ist kein Garant dafür, dass Sie mit dem Medium umspringen können, wie Sie wollen. Nehmen wir einmal an, Sie liefern extrem knackige Antworten, die unter Umständen auch juristische Relevanz haben könnten oder zumindest die Schlagzeilen der nächsten Tage und Wochen bestimmen würden. Die Redaktion ist begeistert, aber es steht noch die Autorisierung an. Und dann beginnt das Zurückrudern, das Korrigieren, das Abschwächen, das Entschärfen, das Beschönigen. Die Enttäuschung und Wut in der Redaktion ist enorm – aber man lässt sich (aus welchen Gründen auch immer) darauf ein und veröffentlicht das Interview in der von Ihnen gewünschten Fassung. Ergebnis: Das Verhältnis zum Medium ist nachhaltig gestört.

Zweite Variante: Sie überlegen sich mit Ihrem Stab bitte **vorher**, wie weit Sie gehen wollen, lassen die Kernaussagen rechtlich prüfen (wenn notwendig) und haben anschließend in der Autorisierung nur noch fünf Prozent Korrekturen und Änderungswünsche. Die Redaktion wird sich unmittelbar nach dem Interviewtermin vermutlich sagen „Wir hatten schon mal knackigere Interviews" – ist dann im Endergebnis aber zufriedener, weil Sie ihnen nicht erst einen saftigen Schinken vor die Nase gehalten haben, den Sie anschließend wieder wegziehen.

Die **Vorbereitung** auf ein Interview ist keine Option. Sie ist ein **fester Bestandteil der Kommunikation**. Gehen Sie unvorbereitet in ein Gespräch mit den Aufsichtsräten? Gehen Sie unvorbereitet in ein Gespräch mit den Banken? Gehen Sie unvorbereitet in ein Gespräch mit Ihren Anwälten? Warum gehen Sie dann unvorbereitet in ein Interview, auf das alleine in Deutschland theoretisch 83 Millionen Menschen Zugriff haben werden? Es reicht doch schon das Risiko, dass Ihre fünf größten Auftraggeber dieses Interview lesen, sehen, hören könnten.

Sie werden hierzu im Laufe des Lesens immer wieder zahlreiche Tipps und Trick genannt bekommen, wie Sie Risiken minimieren können. Hier kommen schon mal ein paar weitere:

Praxistipps

- *Wenn Sie ein Interview geben, das* ***auch vertrauliche Passagen*** *enthalten wird, achten Sie darauf, dass es von diesen Passagen* ***keine Mitschnitte*** *gibt. Unabhängig davon, ob es sich um Videomitschnitte oder „nur" eine Audiodatei handelt, die die Reporterin mit dem iPhone mitschneidet.*
- *Bestehen Sie vor der Übermittlung vertraulicher Informationen darauf, dass die die vertraulichen Mitteilungen erst dann erfolgen, wenn das Aufnahmegerät* ***ausgeschaltet*** *ist.*
- ***Vorsicht:*** *Wenn Sie an dieser Stelle Vertraulichkeit herstellen und einfordern, dann allerdings 20 Minuten später wieder auf das Thema oder diesen Teilaspekt zurückkommen, kann dieser Part frei zitiert werden – sofern Sie an dieser Stelle nicht erneut wieder auf Vertraulichkeit bestehen.*
- *Es ist in solchen Fällen immer gut, jemanden von der* ***Kommunikationsstabsstelle*** *dabei zu haben – oder einen entsprechend* ***qualifizierten Berater****.*

Die meisten Entschuldigungssätze im Nachgang zu fehlgeschlagener Vertraulichkeit lauten in der Regel:

„Ja, ich bin aber davon ausgegangen, dass..." oder *„Für mich war aber klar gewesen, dass ...", „Aber wenn wir doch eben beschlossen hatten, dass..."* meist kombiniert mit dem verwunderten Fazit: *„Und das dürfen die dann einfach so?"*

Ja. Das dürfen die.

Verschiedentlich habe ich bereits bei Leaks mitgearbeitet – auf Informanten-Seite. Und stets mussten die Kolleginnen und Kollegen von Hand mitschreiben, selbst wenn es für meine Mandanten in Ordnung gewesen wäre, eine Sounddatei zuzulassen. Das ist bei mir Dogma: Niemand, den ich bei der Weitergabe vertraulicher Informationen an die Presse unterstütze und für den ich bis zu einem gewissen Punkt damit natürlich Verantwortung übernehme, hinterlässt eine Ton- oder Videodatei als Spur, mit der sie/er eines Tages auffliegen kann.

Wie beispielsweise eine SPD-Landesvorsitzende, die auf einen Spaß-Anruf eines Stimmenimitators hereinfiel und auf die Frage, ob man das senden dürfe mit *„Das kann ich nicht entscheiden."* antwortet, statt mit einem klaren *„Nein"*[31]. Und so verlor sich die Spur der Datei auf dem Weg zwischen Produktionsstudio und Redaktion bis sie schließlich zur Freude aller im Internet landete...[32]

31 Dann wäre die Datei noch im Produktionsstudio des Senders gelöscht worden.

32 https://www.youtube.com/watch?v=D_2eXbY1cV0.

Im Journalismus sprechen wir in der Regel „Unter Eins", „Unter Zwei" oder „Unter Drei." Um es kurz aufzulösen:

„Unter Eins" bedeutet frei zitierbar, mit Namen, Funktion und der Nennung der Organisation, der Sie angehören.

„Unter Zwei" bedeutet, dass man es nur ungefähr zuordnen kann. So heißt es beispielsweise häufig *„Aus Fachkreisen des XY-Ministeriums heißt es, dass..."* Das kann (!) ein Leak sein, es kann aber auch der Umgang mit einer vertraulichen Quelle sein. Ebenso kann sich dahinter die Taktik einer Ministerin verbergen, die beim Kanzler nicht in Ungnade fallen möchte, wenn sie diejenige wäre, die Informationen an die Presse weitergibt, aber dennoch Informationen gerne öffentlich hätte. Politik/Industrie/Verbände und Medien haben hier in der Regel ein personengebundenes Netz von Verbindlichkeiten geschaffen, wo man sich kennt, wo man sich vertraut. Das hat nichts mit Mauscheleien zu tun, auch wenn es für Außenstehende so aussehen mag. Demokratie funktioniert so und vor allem die investigative Recherche kann oftmals nur erfolgreich sein, wenn man vertrauliche Tipps von Insidern erhält: *„Ich kann Ihnen dazu nichts sagen. Aber werden Sie doch mal einen Blick in die Drucksache XYZ ab Seite Soundso und sprechen anschließend mit ABC darüber."* So arbeiten Spin-Doktoren. Ein ehemaliger BILD-Chefredakteur wurde Berater eines CSU-Vorsitzenden.[33] Er sagte, dass er seine Kontakte dazu nutzt, nicht Journalisten zu sagen, was sie wie zu schreiben hätten. Es würde genügen, wenn er sagt: *„Haben Sie sich schon mal gefragt, ob.... Denken Sie doch mal darüber nach."*

„Unter Drei" ist die Vertraulichkeit auf jeden Fall zu wahren – und in der Regel kann man die Quelle dann auch nicht grob zuordnen. Hier würde man neutralisiert berichten: „Regierungskreise gehen davon aus..." oder eine Zuordnung ganz weglassen. „Regierungskreise" – das kann vom Bundeskanzler bis zum Sachbearbeiter über alle Ministerien jeder sein.

Im angelsächsischen Journalismus gibt es derartige Einstufungen wie Eins, Zwei, Drei nicht. Hier spricht man grundsätzlich offen und zitierbar mit den Medien. Ausnahme ist eine zuvor vereinbarte Regelung **„Off the record"** – was dem deutschen „Unter Drei" entspricht. Oder man spricht von **„Background only"**, was eher dem früher einmal geltenden „Unter Vier" entspricht und nicht, auch nicht indirekt, zitiert werden darf. Geheimdienstbriefings fallen beispielsweise darunter. Allerdings ist Regierungen sehr wohl bewusst, welchen Gestaltungsspielraum sie damit in Bezug auf die öffentliche Meinung haben – und der Presse ist sehr wohl bewusst, wie viel Missbrauchspotenzial in diesem Gestaltungsspielraum liegen kann.

Mit dem Umzug der Regierung vom beschaulichen Bonn ins weltmännisch wirkende Berlin gab es in der Parlamentsberichterstattung auch wesentliche Veränderungen, die sich auf den Umgang mit Industrievertretern auswirken. In Bonner Zeiten wusste man

33 Michael Spreng für Edmund Stoiber.

sehr wohl, wer mit wem eine Affäre hat, wer kein heterosexuelles Lebensmodell pflegt usw. Aber es wurde so gut wie nie darüber gesprochen – geschweige denn: geschrieben. Nach Berlin, wo das Kanzleramt für Helmut Kohl gebaut wurde und Gerhard Schröder den Erstbezug vornahm, kamen nicht alle altgedienten Parlamentskorrespondenten mit. Es traten viele neue, jüngere Kolleginnen und Kollegen in die Regierungsberichterstattung ein, die zuvor in derartige Systeme noch nicht eingebunden waren. Oskar Lafontaine (damals noch in der SPD)[34] sowie Gerhard Schröder nutzten den Wahlkampf für zahlreiche Auftritte mit privatem Glamour-Faktor. Das verwischte den Umgang der Parlamentspresse mit privatem Content der Spitzenpolitiker. Die Berichterstattung wurde in den Folgejahren immer wieder auch durch Privates geprägt. Beispielsweise die uneheliche Tochter von Horst Seehofer. Daimer-Chef Jürgen Schrempp heiratete seine Bürochefin – und war Gegenstand der Berichterstattung. Die Partnerschaft seines Nachfolgers, Jürgen Zetsche war aus anderen Gründen Pressematerial: Seine Partnerin wurde Desirée Nosbusch. Und mit einem Mal begann auch die Wirtschaftspresse, Manager als Celebrities wahrzunehmen, die dankbar und bereit waren, ihr Privatleben für ein wenig Glamour der Presse zu öffnen.

Es klingt jetzt ein wenig wie aus einer früheren, fernen Welt: Aber Instagram oder TikTok haben hier noch gar keine Rolle gespielt. Inzwischen posten auch Ministerinnen Privates öffentlich dort – wohl wissend um die Bürgernähe, die sie damit vortäuschen können. Allerdings fällt ihnen das zuweilen auch auf die Füße. Siehe Christine Lambrecht.[35]

Ferner ist Berlin weitläufiger als Bonn. Das hat personelle Konsequenzen: In Bonn konnte man fußläufig die meisten Termine abdecken – mit wenigen Korrespondentinnen und Korrespondenten. In Berlin geht das in der Summe nicht. Hier müssen freiberufliche Teams O-Töne abgreifen, nach Sound- und Videoschnipseln jagen. Das können Medien nicht mit der Gehaltsklasse „gehobener Redakteur" abbilden. Folglich fehlt es dann gelegentlich an journalistischer Kompetenz bei den Terminen. Ein SPD-Finanzminister steht vor einer Batterie von Mikrofonen. *„Wenn Sie noch Fragen haben, dann haben Sie jetzt die Möglichkeit dazu."* Stille. „Eins, zwei drei – Chance vorbei."[36]

Unsauberkeiten beim Umgang mit den Klassifizierungen Eins bis Drei haben dazu geführt, dass auch Medien es oftmals nicht mehr so genau nehmen. Meiner Ansicht nach hat der damalige FDP-Außenminister und Vizekanzler Guido Westerwelle daran einen wesentlichen Anteil.

Parlamentskorrespondenten kolportieren, dass Westerwelle in den sogenannten Hintergrundrunden sehr wohl zu verstehen gegeben habe, dass er offiziell zwar „Unter Drei" spräche, er es jedoch dennoch schätzen würde, wenn die Information ihren Weg in die

34 Austritt 2005.

35 Verteidigungsministerin (SPD) von Dezember 2021 bis Januar 2023.

36 Videomaterial von Peer Steinbrück, undatiert, liegt mir jedoch vor.

Öffentlichkeit fände. Angeblich habe er das mit der Geste unterstrichen, bei er man sich einen Zeigefinger unter ein Auge legt und nach unten zieht, bei gleichzeitiger Anhebung der Augenbrauchen, so dass jeder versteht, dass das Gesagte und Gewollte zwei verschiedene Dinge seien. Wie auch immer: Ein parlamentarischer Geschäftsführer einer großen Bundestagsfraktion hat mir einmal im persönlichen Gespräch gesagt: *„Wenn ich der Printredaktion etwas vertraulich mitteile – und 14 Tage später hat der Online-Ableger es angeblich aus einer anderen Quelle erfahren, dann kann dies Zufall sein. Beim ersten Mal. Auch beim zweiten Mal. Wenn ich mir ab dem dritten Mal im Outlook einen Termin dazu einstellen kann, wann meine Information zufällig aus anderer Quelle geleakt werden würde – dann hat das System in den Medien."*

Seien Sie beim Übermitteln vertraulicher Information folglich stets vorsichtig und zurückhaltend. Machen Sie jüngeren Kolleginnen und Kollegen noch einmal deutlich, dass „Unter Drei" nicht zitierbar bedeutet. Nicht alle bekommen das wie die Absolventen von Journalistenschulen eingebläut und halten sich auch daran.

Reminder

! *Wenn Sie in einem längeren Gespräch wieder an den Punkt zurückkommen, an dem Sie zuvor Vertraulichkeit hergestellt hatten, dann müssen Sie hier auch* ***erneut um Vertraulichkeit bitten****, bevor Sie sich äußern. Anderenfalls könnte diese Passage dann wiederum als öffentlich wahrgenommen werden. Ein* ***„Ich bin aber davon ausgegangen, dass …"*** *hilft Ihnen im Nachhinein nicht mehr aus der Patsche, wenn eine Veröffentlichung erfolgt ist oder wenn Sie mit dem Medium anschließend in die Autorisierungsphase eintreten – die ohnehin eine Verhandlungssache ist.*

3. Wer fragt, führt?

Wir schauen kurz bei Sokrates vorbei. Kein Scherz. Ihm verdanken wir die philosophische Methode des strukturierten Dialogs (Sokratischer Dialog), von dem wir gut 2.500 Jahre später immer noch profitieren. Dass dieses Buch „Wer antwortet, führt" heißt, bedeutete nicht, dass ich Sokrates hier widerlegen oder der Scharlatanerie überführen möchte. Mein Ansatz kommt aus der Anwendung und der neuen Wahrnehmung dieser Sokratischen Dialogs. Ich halte ihn auch heute weiterhin für wichtig – und vor allem: Richtig. Aber nicht mit der Haltung, dass wir uns dadurch unsere Antworten strukturieren und aufbauen. Schauen wir uns zunächst seine Fragetechnik etwas genauer an. Seine Methode lässt **sechs Grundmuster von Fragestellungen** in einem Gespräch erkennen. Seine Methode ist für den Gesamtdialog sehr gut anwendbar, wenn es darum geht, Meinungsverschiedenheiten zu behandeln oder gar zu lösen. Argumentation wird kritisch hinterfragt und zeigt Logikbrüche und Ungereimtheiten sehr gut auf. Dazu gehören vor allem strukturierende Fragen, die den Antwortenden zu konkreteren Argumenten führen und auch die Inhalte auf ihre Substanz überprüfbar machen.

Das sind beispielsweise **klärendes Denken**, **Annahmen**, **Beweise/Gründe**, **alternative Standpunkte klären** (dazu gehören auch die des Fragenden, wenn er/sie nicht nur moderierende, sondern auch mitdiskutierende Aufgaben hat), die **Konsequenzen der Argumentation berücksichtigen** und dann noch sogenannte **Meta-Fragen**, die vor allem offen gestellte Fragen sind. Das sind jene Fragen, die nicht wie bei geschlossenen Fragen mit „ja", „nein" oder „vielleicht" beantwortet werden können. **Geschlossene Fragen** funktionieren dagegen sehr gut als Zwischen-Fazit oder Fazit, um die Positionen des Gesprächspartners einzugrenzen, beziehungsweise klarer zu formulieren, als er es in den Antworten schafft. Beispielsweise nach ausführlicher Abwägung aller Aspekte in einer Antwort, die mit der Frage: *„Und deshalb sind Sie dagegen/dafür?"* abgeschlossen wird und vor allem für die Zuhörenden eine klare Zäsur bereitet.

Klärendes Denken.

- Was genau ist denn das Problem?
- Was muss ich mir darunter vorstellen?
- Um was geht es Ihnen denn konkret?
- Für welche Inhalte steht denn Ihr Unternehmen?[37]
- Habe ich Sie richtig verstanden, dass…?

---

37 Diese – für mich einfache und offene – Frage hat es im Coaching zuweilen wirklich in sich. Mit einer Frage *„Wofür steht denn Ihr Unternehmen/Ihre Marke?"* bringt man (bedauerlicherweise) viel mehr C-Level-Führungskräfte ins Schwimmen, als man vermuten sollte.

- Kann es sein, dass Sie…?
- Können Sie die Vorwürfe konkret benennen?

Annahmen.

- Stimmen Sie den Aussagen von XY zu?
- Wenn das so ist, wie Sie sagen, trifft es denn dann auch auf Y zu?
- [formuliert eine These] Trifft das für Ihre Organisation zu?
- Könnte es nicht auch sein, dass…?[38]
- Nehmen wir einmal an, die Regierung stimmt zu. Was jetzt?
- Wenn Ihre Forderungen so im Gesetz übernommen würden…?

Fakten/Beweise/Gründe.

- Wie kommen Sie denn jetzt ausgerechnet darauf?
- Woran machen Sie das fest?
- Was macht Sie dabei so sicher?
- Können Sie das wirklich belegen?
- Wo steht das geschrieben?
- Auf welchen Paragrafen beziehen Sie sich dabei?
- Was sind Ihre Quellen, auf denen Ihre Aussage basiert?

Alternativen abklären.

- Aber können Sie denn wirklich alle Positionen Ihrer Gegner ablehnen?
- Wo sehen Sie Schnittpunkte?
- Wie könnte ein Kompromiss aussehen, wenn Sie mit Ihrer Position nicht weiterkommen?
- Wo sehen Sie Ihre Position denn als eine überlegene an?
- Welche Frau in dieser Position wäre für Sie vorstellbar?
- Wenn Ammoniak hier nicht den Vorschriften entspricht – wie würden Sie ihn ersetzen können?

38 In Interviews sehr beliebt für Fragende, verstecken Sie eventuell eigene Thesen hier auch hinter dem Konjunktiv.

Folgen/Ausblick klären.

- Wenn Sie jetzt alles durchsetzen, was Sie fordern: Wie sähe das in einigen Jahren aus?
- Welche Konsequenzen glauben Sie, wird Ihr Handeln haben?
- Wie werden Ihre Kunden voraussichtlich darauf reagieren?
- Wie können wir sicherstellen, dass Sie nicht komplett falsch liegen?
- Was wären die nächsten Schritte?
- Käme ein solches Gesetz in dieser Legislaturperiode noch durch?

Meta-Fragen.

- Was glauben Sie, warum wir hier darüber sprechen (sollten)?
- Was haben wir vermutlich in unserem Gespräch übersehen?
- Ich merke doch: Sie haben noch eine zweite Agenda in diesem Thema. Täusche ich mich?
- Welche Gefühle löst das bei Ihnen aus?
- Wie wird eines Tages die Geschichte über Sie urteilen?
- Wie möchten Sie auf dem Parteitag damit wahrgenommen werden?
- Wie verschiebt das die Wahrnehmung Ihres Produktes in der Öffentlichkeit?

Mit diesen Frageschemata können Sie sich auf zahlreiche Interviews, Meetings, Podien und viele andere öffentliche wie nicht-öffentliche Auftritte vorbereiten. Sie werden feststellen, dass viele Fragen und Fragetypen Ihnen eventuell bereits aus dem ein oder anderen Führungskräftecoaching oder Fachbuch vertraut sind. Und ja: Diese Fragen scheinen zu führen. Aber ist es wirklich dadurch der Fragende, der führt? Oder sind diese Fragen nicht eher eine Struktur, an der wir uns – im Wortsinn – strukturiert entlangarbeiten auf der Suche nach Überzeugung, im fairen, wenn auch leidenschaftlich geführtem, Diskurs. Journalisten erlernen diese Fragetechniken in Kombination mit etwas moderneren Mustern und wissen: So führe ich ein Interview. So kann ich meine Gesprächspartnerin durch ein Thema führen. Folglich lernen sie alle den Satz: „Wer fragt, führt.“ Und danach leben und arbeiten sie auch. Lassen wir Sie in dem Glauben und bereiten uns auf „Wer antwortet, führt“ vor, um unsere Interessen besser durchzusetzen.

So perfekt die Strategie von Sokrates auch ist – wir dürfen angesichts des großen Namens und seiner Bedeutung für die Kommunikation uns nicht davon abhalten lassen, das ein oder andere davon anders zu deuten. Um es mit Günter Grass[39] zu sagen: *„Ein gutes Werk verträgt viele Interpretationen."*

Im Coaching mache ich seit vielen Jahren die Erfahrung, dass vor allem Führungskräfte sich gerne im Interview führen lassen – und dadurch **inhaltliche Führung** abgeben, obwohl genau das Gegenteil besser wäre.

> *„Warum haben Sie denn das Thema XYZ nicht angesprochen?"*
>
> *„Die hat nicht danach gefragt, sonst hätte ich das getan."*
>
> *„Aber Sie sagten doch, dass das für Ihr Unternehmen sehr wichtig wäre."*
>
> *„Ja schon. Aber ich dachte, das kommt vielleicht noch und dann wollte ich nicht unhöflich sein."*
>
> *„Wenn Sie ein Meeting leiten – dann bringen Sie die Punkte doch auch alle an, die Ihnen wichtig sind und die wir zuvor besprochen und vorbereitet haben."*
>
> *„Aber es heißt doch: Wer fragt, führt."*

Am Ende steht eine **ausführliche Aufbereitung** des geführten Interviews an. Bei Print und Online kann man gelegentlich noch einen Aspekt mit hereinverhandeln, der im Interview nicht angesprochen wurde, wenn das Medium sich als kooperativ und der Aspekt als besonders attraktiv entpuppt. Aber einen falsch gesetzten Schwerpunkt bekommen Sie nicht mehr korrigiert. Dann bleibt Ihnen – wenn überhaupt – nur noch der komplette Exit. Aber bei Scholz und BNP-Paribas[40] haben Sie eben gelesen, dass es nicht die beste und klügste Entscheidung sein muss.

Vielleicht sollten wir uns fernab jeglicher Definition und Anwendung des Sokratischen Dialogs in der Rhetorik gedanklich darauf festlegen, dass wir **„Wer fragt, führt"** zunächst einmal in ein **„Wer fragt, strukturiert"** wandeln. Denn letztlich sind Fragen nichts anderes als ein roter Faden, an dem ein Gespräch stattfindet. Vielleicht irrt hier Sokrates oder es irren diejenigen, die ihn entsprechend interpretieren. Denn letztlich müssen es doch unsere **Antworten** sein, die das Gespräch in die eine oder andere Richtung lenken. Die Wichtiges von Unwichtigem unterscheiden und die den Zuhörenden einen nachhaltigen Eindruck unserer Positionen, Ansichten und Überzeugungen liefern.

Was bleibt nach einem Interview bei Ihnen eher hängen: Die Originalität einer Frage, oder das Konkrete aus einer Antwort?

Gute **Einsatzmöglichkeiten** für den **Sokratischen Dialog** sind beispielsweise neben der Lösung einer Zielunklarheit und der damit notwendigen **Entscheidungsfindung** sowohl der Einsatz zur Lösung von **Wertekonflikten** als auch **Zielkonflikten.** Oder

39 Literaturnobelpreis für „Die Blechtrommel".

40 S.o., S. 29 ff.

man nutzt ihn zur Korrektur eines **negativen Selbstbildes** des Antwortenden Mögliche Zielsetzungen in der Führung und Weiterentwicklung von Menschen und ihren Persönlichkeiten wären beispielsweise die Förderung selbstständigen Denkens, der Festlegung auf gemeinsame Werte und Normen als auch der Übernahme von Verantwortung. Diese Dialoge haben erklärende, normative und funktionale Aspekte.

Beispiele

- ***„Was bedeutet Nachhaltigkeit für Sie?"*** *(erklärend)*
- ***„Ist es fair, diese Abfindung zu zahlen?"*** *(normativ)*
- ***„Soll ich das Angebot einer Abfindung annehmen?"*** *(funktional)*

Er hilft uns je nach Anwendung bei der **Konkretisierung** im beruflichen und privaten Alltag, bei der **Definition von Zielen** beispielsweise oder bei der **Überprüfung dieser Ziele**, wenn wir bereits seit einiger Zeit damit arbeiten oder zumindest darauf hinarbeiten.

Aber auch hier gestatten Sie bitte den Gedanken: Führt man mit diesen Fragen und Dialogtechniken nur dadurch, dass man derjenige ist, der sie anwendet? Oder ist es nicht eher so, dass wir eine Struktur entwickeln, in welcher sich zwei Gesprächspartnerinnen und Gesprächspartner dialogisch austauschen und durch ihre Argumente führen? Das mag bei der beruflichen Kommunikation ebenso eine Rolle spielen, wie im Paardialog. Moderiert wie unmoderiert. Die Techniken sind identisch.

Im Grunde genommen entspricht der Sokratische Dialog einer gesunden Gesprächsführung der Gegenwart. Der Bezug zu Sokrates lädt es philosophisch und rhetorisch enorm auf. *„Wir verwenden bei uns die Gesprächskultur des Sokratischen Dialogs"* klingt sehr feierlich, ist jedoch im Grunde genommen in einer Organisation der Normalfall, wenn man vernünftig miteinander umgeht und kommuniziert. Nun ist dieser wünschenswerte und *erstrebenswerte* Normalfall leider nicht die Normalität, wenn wir in der kontroversen politischen Auseinandersetzung zwischen politischen Strömungen, zwischen Amtsträgerinnen und NGOs, zwischen konkurrierenden Unternehmen oder zwischen Konkurrenten IN einem Unternehmen stehen.

Hier werden oft Regeln gebrochen, die allgemein gültig sein sollten. Politische Hardliner brechen bewusst mit derartigen Regeln, weil sie sich vom Bruch Vorteile verschaffen. Der Bruch trägt in diesem Fall ebenso zur kommunikativen Führung bei, wie die Aussage selbst. Wer lauter ist, hat kurzfristig mehr Gehör – allerdings (zer)stört er damit auch funktionierende Strukturen in einer demokratischen Gesellschaft.

3.1 Exkurs: Kommunikationstricks der AfD

Die Alternative für Deutschland (AfD), hat verschiedene Kommunikationstricks und -strategien, die sie sehr wirkungsvoll einsetzt, um ihre politischen Ziele zu erreichen, beziehungsweise in einem dafür anfälligen Teil der Bevölkerung zumindest die Stimmung dafür zu schüren, die Sprechchöre auf Kundgebungen zu beeinflussen und andere Parteien dadurch zu zwingen, sich Themen anzunehmen, die sonst nicht so ohne Weiteres auf der Tagesordnung stehen würden. In der Zusammenfassung sind dies Provokation, Opferrolle, Vereinfachung, Rechtspopulismus und natürlich vor allem Social-Media-Kommunikation. Gehen wir sie der Reihe nach durch.

- **Provokation:** Die AfD setzt oft auf provokative Aussagen, um Aufmerksamkeit zu erregen und ihre Themen in den öffentlichen Diskurs zu bringen. Durch bewusst kontroverse Äußerungen, die oft auf Vorurteilen oder Ängsten basieren, versucht die AfD, sich als Anti-Establishment-Partei zu positionieren und eine Tabubrecher-Rolle einzunehmen. Damit wirkt sie auf der einen Seite für ihre Klientel als diejenige Partei, die „Ungesagtem eine Stimme gibt". Insbesondere für diejenigen, die häufig mit „Das wird man doch wohl noch sagen dürfen" argumentieren, wird sie dadurch besonders attraktiv. Durch die Provokation müssen Medien darüber berichten, andere Parteien darauf reagieren und selbst dann, wenn die AfD weit über das Ziel hinausschießt und sich anschließend relativierend zu den ursprünglichen Aussagen äußert, bleibt der provozierende Begriff in den Medien über längere Zeit erhalten und wird immer wieder zitiert – und dadurch weiterverbreitet.
- **Opferrolle:** Die AfD inszeniert sich oft als Opfer, das von den sogenannten etablierten Medien oder anderen politischen Parteien unfair behandelt wird. Sie hat durchaus Anhaltspunkte, mit denen es ihr gelingt, dies zu belegen. So verweigern die anderen im Bundestag vertretenen Parteien der AfD weiterhin, das Amt eines Vizepräsidenten zu bekleiden. Laut Geschäftsordnung des Bundestages steht ihr dies als Fraktion zu – aber der Amtsträger muss vom Bundestag gewählt werden. Hier lehnen die anderen Parteien die AfD-Kandidaten regelmäßig ab. Somit kann sich die AfD leicht als Opfer stilisieren – was die eigenen Reihen stärkt und den politischen Zusammenhalt fördert. Die AfD kritisiert die angebliche „Lügenpresse" und wirft anderen Parteien vor, sie zu diffamieren oder zu diskriminieren. Dies dient dazu, ihre Anhänger emotional zu mobilisieren und eine Unterstützung als Opfer einer vermeintlichen Verschwörung zu generieren.
- **Vereinfachung:** Die AfD vereinfacht komplexe politische Zusammenhänge und stellt einfache Lösungen für komplexe Probleme bereit. Im Grunde genommen sind dies lobenswerte Eigenschaften: Wünschen wir uns von Politik nicht grundsätzlich die Vereinfachung komplexer Sachverhalte, eine konkrete Orientierung in der Gesell-

schaft?[41] Die AfD nutzt diese Mechanik – nimmt es jedoch mit der Faktentreue nicht so genau, was die Manipulation ihrer Anhänger leicht macht. Björn Höcke äußerte öffentlich, dass eine Rede eine begrenzte Redezeit habe und man Dinge auch schon mal weglassen müsse. Die AfD behauptet oft, dass „das Volk" von den Eliten und der EU unterdrückt wird und verspricht einfache Lösungen, wie z.B. den Austritt aus der EU, die Abschottung der Grenzen oder die Wiedereinführung der DM.[42] Der AfD ist es auch gelungen, Teile der Corona-Demonstrationen und der Pegida[43] abzuschöpfen.

- **Rechtspopulismus:** Die AfD setzt auf eine klare Abgrenzung gegenüber der politischen Mitte und will sich als die einzige wahre Vertreterin des Volkes positionieren. Sie bedient sich dabei einer stark nationalistischen Rhetorik, die die Interessen der eigenen Nation betont und andere Nationen herabsetzt. Außerdem schürt sie gezielt Vorurteile gegenüber Minderheiten, insbesondere gegenüber Muslimen oder Flüchtlingen. Diese Aussagen von mir sind natürlich stark wertend, aber wenn Sie sich die konkreten Formulierungen anschauen, werden Sie messbar zum gleichen Schluss kommen. Dadurch, dass sich die AfD jedoch dem bürgerlichen Lager zuordnet, wo Sie eher CDU/CSU und FDP vermuten, verschiebt sich langfristig die Mitte.
- **Social-Media-Präsenz:** Die AfD ist stark in den sozialen Medien präsent und nutzt diese sehr effektiv, um ihre politischen Botschaften direkt an ihre Anhänger zu kommunizieren. Sie setzt auf einfache und emotional ansprechende Formate wie Memes, kurze Videos oder provokante Sprüche. Dabei kommt es immer wieder auch zu Peinlichkeiten, die der Partei jedoch bei den Anhängern keinen Schaden zufügen. So wurde dem damaligen SPD-Kanzlerkandidaten Martin Schulz per digitaler Verfremdung die Nase verlängert und die Lippen wulstiger gestaltet, um so einen antisemitischen Bezug herzustellen.[44] Andere Kandidaten bedienten sich an Foto-Stockmaterial[45] das zweifelhafte Motive in die AfD-Kommunikation spülte. So zeigte der Göppinger AfD-Kandidat Michael Weller eine „23-jährige Nina" mit dem Zitat: „Michael, ich zähl auf Dich". Bildquelle war die Seite hdxporn.us – die so ziemlich alles zeigt, nur keine Nina aus Göppingen.

Allerdings sollte darauf hingewiesen werden, dass diese AfD-Kommunikationstricks in weiten Teilen der Gesellschaft kritisch gesehen werden und umstritten sind. Sie werden

41 Dies wird von den Parteien sogar per Grundgesetz gefordert: Artikel 21 Absatz 1.

42 Hier hat die AfD bei der Gründung 2013 ihren eigentlichen Ursprung: In der Euro-Kritik. Der entscheidende Rechtsruck der Partei kam erst 2015 beim Essener Parteitag auf dem Höhepunkt der Flüchtlingslage in Deutschland.

43 Pegida steht für „Patriotische Europäer gegen die Islamisierung des Abendlandes" und ist eine islam- und fremdenfeindliche Bewegung, die 2014 in Dresden gegründet wurde.

44 Das Vorliegen des Memes wird versichert.

45 Fotodatenbanken mit Symbolbildern, die in der Regel gegen kleines Entgelt genutzt werden können

von vielen als populistisch, demagogisch oder gar gefährlich empfunden, da sie oft Ängste und Vorurteile schüren und die Polarisierung in der Gesellschaft verstärken können.

Ergänzend dazu kann man noch hinzufügen, dass die AfD auch gezielt die Sprache und die Begriffe einsetzt, um ihre politische Agenda voranzutreiben. So versucht die Partei oft, bestimmte Begriffe oder Formulierungen zu etablieren, die ihre politischen Vorstellungen transportieren sollen. Ein Beispiel hierfür ist der Begriff „Umvolkung“, den die AfD gerne benutzt, um ihre Behauptung zu untermauern, dass durch eine vermeintlich übermäßige Zuwanderung die „deutsche Kultur“ bedroht sei. Diese Formulierungen werden bewusst gewählt, um die eigene Position zu betonen und die politische Debatte in ihrem Sinne zu beeinflussen.

Somit setzt die AfD eine Vielzahl an Kommunikationstricks und -strategien ein, um ihre politische Agenda voranzutreiben. Diese reichen von gezielter Provokation über die Inszenierung als Opfer bis hin zu einer gezielten Nutzung der Sprache und der Emotionen der Menschen. Diese Strategien sind oft umstritten und werden von vielen Menschen kritisch gesehen, da sie die Polarisierung in der Gesellschaft verstärken und Ängste und Vorurteile schüren können. Aber sie sind für die Absender effektiv! So nutzt die AfD eine Reihe von Kampfbegriffen und sprachlichen Formulierungen, um ihre politischen Positionen zu untermauern und ihre Gegner zu diskreditieren. Berücksichtigen Sie bitte, dass diese Kampfbegriffe in der Regel nicht in den Fragen vorkommen (wenn, dann bei den meisten Medien bereits kritisch eingebettet), sondern **durch die Antworten platziert** werden. Die Partei zieht hier den doppelten Vorteil. Hier sind einige Beispiele:

- **„Lügenpresse“:** Die AfD verwendet diesen Begriff oft, um etablierte Medien als unglaubwürdig und parteiisch zu diffamieren. Die Partei behauptet, dass die Medien bewusst die Wahrheit verschweigen oder verdrehen, um die eigene politische Agenda voranzutreiben. Ebenso wird anstelle der korrekten Bezeichnung „öffentlich-rechtlicher Rundfunk“ die Bezeichnung „Staatsfunk“ verwendet, um die angebliche regierungstreue Linie der von Gebührengeldern (AfD: **„Zwangsgebühren“**[46]) finanzierten Sendeanstalten anzuprangern.
- **„Altparteien“**: Die AfD benutzt diesen Begriff, um etablierte Parteien wie CDU, SPD, Grüne oder FDP abzuwerten. Die Partei behauptet, dass diese Parteien sich über Jahre hinweg nicht um die Interessen des Volkes gekümmert hätten und stattdessen in einer politischen Einheitsfront agieren würden. Das ist insofern geschickt gemacht, denn die AfD kann im Gegensatz zu den anderen nicht auf eine lange Geschichte oder Tradition zurückblicken. Somit macht Sie aus einem Nachteil einen Vorteil: Die Botschaft hinter der Bezeichnung „Altparteien“ in Bezug auf die eigene Parteige-

46 Ein Begriff, der z.B. auch von Springer-Medien wie BILD und WELT gerne genutzt wird, um ARD und ZDF zu kritisieren.

schichte: Wir sind jung, wir sind frisch. Man könnte schließlich auch die Bezeichnung „Traditionsparteien" verwenden – aber „Altparteien" klingt nach „Altglas" oder „Altpapier" – und das gehört ordnungsgemäß entsorgt.

- **„Asylindustrie":** Mit diesem Begriff versucht die AfD, eine angebliche Industrie zu beschreiben, die von der Aufnahme und Unterbringung von Flüchtlingen profitiert. Die Partei unterstellt dabei, dass Flüchtlinge als Geschäftemacher genutzt werden und die Asylpolitik vor allem zur Profitmaximierung dient. Sie profitiert sehr stark von jedem Fall, der sich auch nur ansatzweise mit Sozialleistungsbetrug (den es selbstverständlich gibt) befasst. Diese Fälle werden zu einem System kommunikativ aufbereitet und es wird von einer „Industrie" gesprochen, die offenbar floriert – zu Lasten und auf Kosten von uns allen. Das Problem der anderen Parteien: Widerspricht man zu stark dem Begriff der „Asylindustrie", gerät man schnell in den Verdacht, sich den Fakten tatsächlicher Sozialbetrügereien blind und kritiklos inhaltlich zu verweigern. Somit werden die anderen politischen Vertreter noch angreifbarer in der Öffentlichkeit.

- **„Volksverräter"**: Mit diesem Begriff werden Politiker beschimpft, die aus Sicht der AfD gegen die Interessen des Volkes handeln. Die Partei wirft ihnen vor, sich der eigenen Nation zu entfremden und eine globalistische Agenda zu verfolgen, die den Interessen des eigenen Landes entgegensteht. Und wer meint, dass dies ein legitimer Begriff sei, dem sei ein Blick in die sprachliche Geschichte Deutschlands empfohlen: Der Begriff „Volksverräter" wurde schon in der Weimarer Republik von radikalen Gruppen und Parteien verwendet. In der NS-Zeit wurde er von den Nationalsozialisten aufgegriffen und zur Diffamierung politischer Gegner eingesetzt. Heute wird der Begriff verwendet, um politische Entscheidungsträger oder Institutionen zu diffamieren, die aus ihrer Sicht „gegen die Interessen des Volkes" handeln.

- **„Umvolkung"**: Die AfD behauptet, dass es eine gezielte Strategie gäbe, die darauf abzielt, das „deutsche Volk" durch eine Überfremdung und eine Vermischung mit anderen Kulturen zu zerstören. Mit diesem Begriff versucht die Partei, die Ängste vor einer vermeintlichen Überfremdung zu schüren und ihre anti-immigrationspolitischen Positionen zu stärken. Der Begriff „Umvolkung" ist ein rechtsextremes Schlagwort und wurde von neonazistischen und rechtsextremen Gruppen geprägt. Der Begriff geht auf die nationalsozialistische Rassenideologie zurück und bezieht sich auf die angebliche Gefahr, dass das „deutsche Volk durch eine Überfremdung und Vermischung mit anderen Kulturen zerstört" werden würde. Heute wird der Begriff verwendet, um Ängste vor Einwanderung und Fremdenfeindlichkeit zu schüren. Der Begriff ist höchst umstritten und wird von vielen Menschen als rassistisch und menschenverachtend empfunden.

All diese Kampfbegriffe werden von der AfD gezielt eingesetzt, um ihre politischen Ziele zu erreichen. Selbst wenn diese Begriffe von vielen Menschen als populistisch, demagogisch oder gar gefährlich empfunden werden, verlieren Sie nicht an Kraft in der Zielgruppe. Leider gilt es auch hier: Die Antworten führen.

3.2 Wiederholungen sind wichtig!

Die **Wiederholung von Botschaften** hat in der Kommunikation durchaus einen **positiven Effekt**, da sie dazu beitragen kann, dass die Botschaft besser im Gedächtnis des Empfängers verankert wird. Wenn eine Botschaft mehrmals wiederholt wird, steigt die Wahrscheinlichkeit, dass die Empfänger sie besser behalten können und im Gedächtnis verankert wird. Zudem trägt die Wiederholung dazu bei, dass die Botschaft als wichtiger und bedeutsamer wahrgenommen wird. Wozu sonst sollte jemand (oder eine Organisation) ständig darauf hinweisen?

Wir müssen hier deutlich zwischen privater und öffentlicher Kommunikation unterscheiden. Im Privaten empfinden wir Menschen als nervig oder wenig intelligent, wenn sie uns stets mit denselben Geschichten kommen. In jeder Familie gibt es jemanden, der spätestens an Weihnachten nach dem dritten Glas wieder die alten Geschichten herausholt. In der **öffentlichen Kommunikation** geben uns diese Wiederholungen **Orientierung** sowohl gegenüber dem Kommunizierenden (Die Organisation steht immer noch zu XY) als auch uns selbst gegenüber (Meine Position ist noch konsistent, denn Organisation XY sagt, dass das weiterhin so ist). Insbesondere in der politischen Kommunikation kann man diesen Effekt sehr gut beobachten.

Allerdings sollte die Wiederholung nicht übertrieben werden, da sonst der gegenteilige Effekt eintreten kann und die Botschaft als nervig und aufdringlich empfunden wird. Es gilt also, ein ausgewogenes Maß zu finden, um eine Botschaft effektiv zu kommunizieren. In den Medien funktionieren ständige Wiederholungen ausgesprochen gut. Sie können an Wahlabenden diese Entwicklung gut verfolgen. Wenn Sie pünktlich mit der ersten Prognose die Fernbedienung zur Hand nehmen und sich durch die Programme zappen, werden Sie feststellen, dass in den zwei Stunden bis zur großen Runde nach der Tagesschau sich die Statements der Parteien rundgeschliffen haben.

Dazu ein paar Hintergrundinformationen, was die Spontanität der Reaktionen aus den Wahlpartys der Parteien betrifft: Bereits ab 15.30 Uhr kursieren in den „für gewöhnlich gut unterrichteten Kreisen" die Prognosen aus den Nachwahlbefragungen. Früher machte man das, damit die Fernsehsender in Ruhe ihre Grafiken bauen konnten. Das geht heute schneller und fast in Echtzeit mit Eintreffen der Daten, so dass dies aus diesem Grunde nicht mehr notwendig ist. Aber das System ist insgesamt durchlässiger geworden. Wer in Berlin jemanden kennt, der jemanden kennt, der weiß, wo er derartige Daten bekommt, hat an Wahltagen am Nachmittag per WhatsApp eine stramme Nachrichtenlage, die sich durch weitere Zahlen anderer Institute ständig aktualisiert. Dazu kommen dann noch die Verteiler in den Chatgruppen der Fraktionen und Parteimitglieder – und der Massenversand vertraulicher Informationen, die es früher nur ausgewählt und unter der Hand gab, nimmt seinen freien Lauf. Mit dieser Information: Glauben Sie nun wirklich noch daran, dass die von den TV-Sendern eingefangenen Reaktionen aus den Parteizentralen beim Verkünden der ersten Prognose wirklich echt sind? Dass die Reaktionen der Spitzenkandidatinnen und Spitzenkandidaten spontan erfolgen?[47] Die sitzen doch seit 15.30 Uhr an den Statements, stimmen sich parteiintern ab und studieren dann im Laufe des Abends ein, wie man die Inhalte bis zur Tagesschau rund geschliffen hat. Gewissermaßen ein Medientraining auf offener Bühne mit Live-Übertragung in Ihre Wohnzimmer.

Wer harte und klar konturierte Statements absetzt, der **polarisiert**. Wer polarisierende Begriffe verwendet, regt zum Widerspruch an – und kann in der Regel davon ausgehen, dass sich das Narrativ rund um diese Begriffe wie von selbst weiterverbreitet. Denn selbst diejenigen, die anderer Auffassung sind und widersprechen, tragen oftmals erst durch die Verneinung der Begriffe zur Verbreitung von Fakenews oder negativen Alternativbegriffen bei. Häufigste Formulierung: „Nein, wir schämen uns nicht dafür, dass…“; „Nein, es ist keinesfalls so, dass Dr. Weber Geld unterschlagen hat…“ und so weiter.

Stellen Sie sich zur vertiefenden Abschreckung dieses Tipps jetzt bitte vor, ein Kollege Ihres Unternehmens wird in den Presseberichten wie folgt zitiert:

> *„Auf gar keinen Fall hat [hier tragen Sie jetzt Ihren vollen Vor- und Nachnamen ein] regelmäßig Geld unterschlagen. Ich kenne [erneute Namensnennung] nun schon seit acht Jahren sehr gut und niemals würde er/sie Geld veruntreuen und damit ein Luxusleben finanzieren oder gar Kokain konsumieren. Auch dass er/sie untreu sein soll und uneheliche Kinder hat, halte ich für absolut ausgeschlossen. Da bin ich mir sicher: [wieder voller Name] ist ein absolut integrer Mensch.“*

Selbst ein Jurist käme angesichts einer solchen Formulierung nicht auf die Idee zu sagen: *„Ja und? Da ist noch nicht einmal ansatzweise ein konkreter Vorwurf erhoben worden. Alles einwandfrei.“*

Der Sokratische Dialog ist darüber hinaus ein Mittel, das in der Psychotherapie eingesetzt wird. Offenbar hat der gute Mann einen Nerv getroffen und war unserer Zeit weit voraus – oder wir entwickeln uns angesichts der ganzen negativ-emotionalen Kommunikation im sogenannten Social Media weit in die Zeit vor Sokrates zurück. Fakt ist: Wir können anhand des Sokratischen Dialogs sowohl im privaten wie auch im beruflichen Kontext sehr wertschätzend und strukturiert miteinander kommunizieren.

47 Bei SPD-Politikerin Andrea Ypsilanti konnte man noch beobachten, wie ihr Mann (stand direkt hinter ihr) synchron die Lippen bewegte, während sie vorne scheinbar unvorbereitet und spontan agierte.

3.3 Interviews wie aus dem Nichts: mit Trichter!

Im Interview gibt es die effektive **Trichtertechnik**, mit der man ohne Vorbereitung jederzeit mit jedermann zu einem beliebigen Thema ein Interview führen kann, sofern die/der Gesprächspartner/in eloquent antwortet.

Die Trichtertechnik gilt als eine bei Interviews sehr häufig eingesetzte Befragungstechnik, um vor allem Informationen aus dem Interviewpartner zu gewinnen. Dabei beginnt das Interview mit allgemeinen und breit gefassten Fragen und wird dann sukzessive spezifischer, wodurch der Interviewpartner in die Situation versetzt wird, ausführlicher und tiefgründiger zu antworten. Die Trichtertechnik ist besonders hilfreich, wenn es darum geht, ausführliche Informationen zu einem bestimmten Thema zu sammelnd oder wenn der Interviewpartner noch etwas zu zurückhaltend, misstrauisch oder inhaltlich unsicher ist. Das kann beispielsweise mit drei typischen Fragen in der Trichtertechnik erzielt werden:

> *„Können Sie mir mal bitte allgemein erzählen, was Sie über das Thema X wissen?"*
>
> *„Bitte beschreiben Sie doch einmal etwas detaillierter, wie Sie mit Thema X in Berührung gekommen sind."* [Oder als echte Frage: *„Wie sind Sie persönlich denn mit Thema X in Berührung bekommen?"*
>
> *„Welche Herausforderungen/Probleme/Widerstände haben Sie im Laufe der Zeit im Umgang mit Thema X vorgefunden?"*

Diese drei Fragen lesen sich etwas wie aus dem Grundkurs des Journalismus im ersten Ausbildungsmonat. Bedenken Sie bitte, dass es hier nur um das Grundgerüst der Frage geht – nicht um deren endgültige Formulierung. Die Trichtertechnik kann eine wirksame Methode sein, um wertvolle Informationen aus einem Interviewpartner zu gewinnen, bevor man zu spezifischeren Fragen übergeht und ans Eingemachte kommt. Für denjenigen, der die Fragen stellt, ist es unabdingbar, aufmerksam zuzuhören, was die Gesprächspartnerin erzählt um somit Fragen, die schon beantwortet wurden, aus dem Fragenkatalog entfernen zu können. Wenn Sie Formulierungen des Interviewgebenden hören, die da lauten: *„Wie ich eingangs schon sagte...", oder „Ja, das sagte ich ja bereits..."* – dann haben Sie es unter Garantie mit einer ausgesprochen unkonzentrierten Gesprächsführung zu tun. Auf Seiten des Fragenden!

Spätestens hier übernimmt der Antwortende klar die Führung. Zum peinlichen Leidwesen des Moderators, der offenbar nicht so genau zugehört hat, was der Gesprächspartner von sich gibt.[48]

48 Manchmal liegt es an den (technischen) Dingen, die ein Moderator zum Beispiel in einem Selbstfahrerstudio alle nebenher miterledigen muss. Aber gehen Sie hier grundsätzlich zunächst einmal von einer mangelnden Aufmerksamkeit dem Gesprächspartner gegenüber aus.

Die Trichtertechnik kann man jedoch auch anders anwenden, wenn man beispielsweise einen Gesprächspartner überraschend antrifft, mit dem man nicht gerechnet hatte. Beispielsweise eine Bundesministerin auf dem Parteitag, die vor der Halle auf ihren Fahrer wartet. Jetzt heißt es schnell sein, um diese Chance für ein kurzes Interview nicht verstreichen zu lassen. Dummerweise ist man auf deren Spezialthemen nicht vorbereitet – hatte ihr Büro doch unter Umständen entsprechende Interviewanfragen abgelehnt. Folglich beginnt man breit mit der ersten Frage:

> *„Wie wichtig ist Ihnen Frieden in Europa?"*

Egal aus welcher Partei: Die Antwort ist über weite Teile komplett vorhersehbar. Aber die Antwort wird sich unter Garantie anreichern mit weiteren Aspekten aus der Parteipolitik. Jetzt handelt es sich dummerweise nicht um eine Verteidigungspolitikerin, sondern die Bundesfamilienministerin. Aber egal. Ministerin ist Ministerin. Weiter geht's nach dem Motto: Hauptsache, eine von der Bundesregierung:

> *„Was können Sie denn in Ihrem Ministerium dazu beitragen?"*

Es ist zu erwarten, dass die Politikerin liefert: Sie wird von der Integration sprechen, den Sprach- und Weiterbildungsmöglichkeiten in staatlichen Einrichtungen, eventuell auch auf die Besonderheiten von Kriegsflüchtlingen eingehen.

> *„Kritiker sind der Auffassung, da käme zu wenig aus Ihrem Ressort. [Oder als echte Frage, denn Feststellung: Kommt da nicht zu wenig aus Ihrem Ressort?]"*[49]

Diese Frage, die nur scheinbar konfrontativ ist, jedoch bei den Zuhörern eine erhöhte Aufmerksamkeit verursacht (Konflikt! Spannend!), sorgt für die **Fokussierung** der Gesprächspartnerin **auf ihre Positionen**. Eventuell wird das Statement an dieser Stelle etwas emotionaler, weniger PR-weichgespült und authentischer. Nun lassen wir sie wieder etwas entspannter von der Angel:

> *„Was glauben Sie persönlich: Wann werden wir wieder Frieden haben?"*

Das sieht auf den ersten Blick so aus, als würde man die Gesprächspartnerin hier fokussieren – aber in Wirklichkeit öffnen wir sie noch einmal gegen Ende des Gesprächs, da sie ihre Ansichten frei vortragen kann.

Das waren vier Fragen und bei normaler Antwortlänge ist man hier knapp unter drei Minuten mit passenden O-Tönen als Journalist versorgt. Die Trichtertechnik kann jedoch noch mehr. Betrachten Sie die Fragen bitte einmal als eine eigene Fragen-Ebene. So kön-

---

49 Medien verstecken sich gerne hinter neutralen Formulierungen wie *„Kritiker sind ja der Meinung"* oder *„Die Opposition sagt aber…"*. Damit läuft man weniger Gefahr, es sich mit einem wichtigen Kontakt zu verscherzen. Ich muss wohl nicht extra darauf hinweisen, dass ich die kernigere, direktere Ansprache bevorzuge.

nen wir auf den Ebenen jeweils beliebig nachfragen – und wir können die Dramaturgie eines Interviews auch ohne große inhaltliche Vorbereitung effektiv umsetzen. Zunächst zum besseren Verständnis der Trichterebenen:

1. Breite Einstiegsfrage
2. Konkretisierende Frage, aber immer noch recht breit
3. Kontroverse Frage
4. Fokussierte Schlussfrage

Wenn Sie die oben ausformulierten Fragen der Reihe nach den Punkten 1-4 zuordnen, werden Sie feststellen, dass genau dies die jeweiligen Frageebenen sind. Nun folgen mehrere Fragen in einem längeren Interview. In Klammern dahinter ist für Sie die jeweilige Ebene markiert:

> *„Wie wichtig ist Ihnen Frieden in Europa?“* [1]
>
> *„Was können Sie denn in Ihrem Ministerium dazu beitragen?“* [2]
>
> *„Wie genau sähe das dann aus?“* [2]
>
> *„Der Opposition ist das natürlich viel zu wenig.“* [3]
>
> *„Was glauben Sie, was der wirkliche Grund ist, Sie so hart zu beurteilen?“* [2]
>
> *„Aber optimal war das nicht, was Sie in den ersten Kriegswochen geleistet haben.“* [3]
>
> *„Was sind Sie bereit, zusätzlich zu unternehmen?“* [2 oder 3 je nach Tonfall]
>
> *„Mit welchen Erkenntnissen gehen Sie aus dem ersten Kriegsjahr?“* [4]
>
> *„Und Ihre persönliche Bilanz?“* [4]
>
> *„Die Öffentlichkeit beklagt, dass Sie sich selbst zu wenig eingesetzt haben?“* [3]
>
> *„Wie wollen Sie diesen Eindruck korrigieren?“* [4]
>
> *„Was sind die nächsten Schritte in der Bundesregierung?“* [4]

Das könnten wir jetzt an dieser Stelle beliebig fortsetzen. Die Trichtertechnik funktioniert für Interviewführende allerdings nur dann, wenn Gesprächspartner und Gesprächspartnerinnen eloquent antworten und man ihnen vor der nächsten Frage auch wirklich aufmerksam zuhört. Ich habe das mal anhand der Sender und Dienstschichten überschlagen und komme auf mehrere tausend Sendungen, die ich im Hörfunk (überwiegend im aktuellen politischen Programm) live moderiert habe.

Ich will nicht wissen, wie oft die Trichtertechnik mir als Moderator den Kopf (und in meiner freiberuflichen Zeit auch den Job) gerettet hat. Aber ich weiß noch genau, in welchen Situationen ich dankbar darauf zurückgegriffen habe: Wenn ich zum Beispiel im Sendeplan einen Gesprächspartner übersehen hatte und dieser plötzlich im Studio auftauchte oder per Leitung zugeschaltet war. Wenn ich komplett den Faden verloren oder so gar keine Ahnung von dem Thema hatte und es mir auch nicht vor der Sendung wenigstens in groben Zügen in den Kopf hämmern konnte. Oder natürlich auch bei Zufallsbegegnungen mit interessanten Gesprächspartnern, mit denen man ins Gespräch kommen wollte, oder von denen man noch schnell einen O-Ton in Dialogform aufnehmen konnte.

Warnhinweis: Als Smalltalk-Tool eignet sich die Trichtertechnik nicht wirklich, wenn man sie stringent anwendet. Dann hat Ihr Gegenüber eher den Eindruck, er gibt hier bei Häppchen und Prosecco ein Interview.

4. Konstruktiver Egoismus

Je nach Ausrichtung meines Coachees stoße ich bei der bloßen Erwähnung des Begriffs „Konstruktiver Egoismus" auf Widerstand. Manchmal offen geäußert, ein anderes Mal eher indirekt aber deutlich spürbar für mich: „Das ist hier nicht meine Welt, denn ich möchte nicht egoistisch sein oder auf andere egoistisch wirken." Das ist ein gutes Argument, eine ehrbare Haltung und sie gehört nicht abgewertet. Jedoch können wir in der Form des konstruktiven Egoismus die Bedürfnisse unseres Gegenübers respektieren.

Verfolgen wir mit unserer Kommunikation **konkrete Ziele**, dann müssen wir diese Ziele sicheren Gedankens erreichen und die Interessen unserer Organisation in der Öffentlichkeit durchsetzen. Oder ihnen zumindest Gehör verschaffen. Dazu dürfen wir diese Ziele nicht aus den Augen verlieren und müssen den Weg dorthin konsequent beschreiten. Klingt einfacher gesagt als getan. Denn nach der Logik der Kommunikation müsste sich jede Formulierung wie von selbst ergeben, wenn das Ziel der Kommunikation klar umrissen ist.

„Konstruktiver Egoismus" ist darüber hinaus ein Begriff, der in der Philosophie und in den Sozialwissenschaften verwendet wird. Der Ausdruck bezieht sich auf eine Art von Egoismus, bei dem eine Person ihre eigenen Interessen und Bedürfnisse verfolgt, aber dabei auch die Interessen und Bedürfnisse anderer berücksichtigt und auf eine Weise handelt, die **für alle Beteiligten vorteilhaft** ist. „Für alle Seiten vorteilhaft" – da möchte ich für meine empfohlene Anwendung des konstruktiven Egoismus eine gewisse Einschränkung vornehmen. Denn in der gesteuerten, strategischen Kommunikation geht es um eine klare Verfolgung einer klaren Interessenlage.

Ein konstruktiver Egoist sieht in der Regel seine eigenen Interessen nicht im Widerspruch zu den Interessen anderer, sondern als Teil eines größeren Ganzen, in dem alle Beteiligten profitieren können. Dieser Ansatz geht davon aus, dass eine Person am besten in der Lage ist, ihre eigenen Interessen zu schützen, wenn sie auch die Interessen anderer respektiert und berücksichtigt.

Ein kurzer Nebengedanke: Wenn ich mit meinen Antworten meine eigene Agenda verfolge und diese auch gegen (!) die gestellten Fragen charmant, eloquent und wertschätzend durchsetze, respektiere ich nicht unbedingt die Absichten, die sich in einer Frage verbergen, aber ich respektiere den Anlass dieses Interviews, dieser Befragung, dieser Recherche: Dass ich interessante, kontroverse, bestätigende Antworten gebe, die genau für diejenigen eine Relevanz haben, die NICHT an diesem Gespräch teilnehmen können: Das Publikum, die Medienuser.

Der konstruktive Egoismus unterscheidet sich von anderen Formen des Egoismus, bei denen die Interessen anderer vernachlässigt oder missachtet werden, was oft zu Konflikten und destruktiven Ergebnissen führt. Im Gegensatz dazu fördert konstruktiver Egoismus

Kooperation und **gegenseitigen Respekt**, was zu einer besseren Beziehung zwischen den Beteiligten führt.

Konstruktiver Egoismus ist ein wichtiger Aspekt in Bereichen wie dem **Geschäft**, der **Politik** und den **sozialen Beziehungen**. Eine Person, die ihre eigenen Interessen auf konstruktive Weise verfolgt, ist oft in der Lage, erfolgreicher zu sein und gleichzeitig die Interessen anderer zu respektieren. Dies kann zu einer besseren Zusammenarbeit und einem besseren Verständnis führen, was wiederum zu einer höheren Effizienz und besseren Ergebnissen führt.

4.1 Konstruktiver Egoismus in der Ethik

In Bezug auf die Ethik ist konstruktiver Egoismus ein wichtiger Bestandteil der moralischen Philosophie. Einige Philosophen argumentieren, dass es moralisch gerechtfertigt ist, dass eine Person ihre eigenen Interessen verfolgt, solange sie dabei nicht die Rechte und Freiheiten anderer verletzt. Diese Sichtweise betont, dass es wichtig ist, dass jeder Mensch für sich selbst verantwortlich ist, aber gleichzeitig auch für die Interessen anderer. Zwei dieser Philosophen greife ich hier einmal heraus. In der Regel spricht man hier von einer „liberalen Ethik" oder der utilitaristischen Philosophie.[50]

John Stuart Mill[51], ein bekannter Utilitarist, argumentierte, dass das Streben nach persönlicher Glückseligkeit ein moralisches Ziel sein kann, solange es nicht auf Kosten anderer erreicht wird. Mill betonte, dass die Freiheit jeder Person, ihre eigenen Interessen zu verfolgen, als wichtiger Bestandteil einer moralischen Gesellschaft angesehen werden sollte, solange dies nicht zu einer Beeinträchtigung der Freiheit anderer führt.

Die Philosophin Ayn Rand[52] argumentierte, dass es moralisch notwendig ist, dass jeder Mensch seine eigenen Interessen verfolgt, um ein erfülltes und produktives Leben zu führen. Rand betonte, dass eine Person ihr eigenes Leben am besten versteht und am besten in der Lage ist, ihre eigenen Interessen zu schützen, und dass es daher ihre moralische Pflicht ist, ihre eigenen Interessen zu verfolgen.

Kompakt: Eine Vielzahl von Philosophen haben die Idee des konstruktiven Egoismus unterstützt. Natürlich unter der Voraussetzung, dass die Rechte und Freiheiten anderer respektiert werden. Für sie war es moralisch gerechtfertigt, dass jeder Mensch seine eigenen Interessen verfolgt, solange er dabei nicht die Interessen anderer untergräbt oder ihre Freiheiten einschränkt.

50 Utilitarismus besagt, dass der moralische Wert einer Handlung an ihren praktischen Auswirkungen gemessen werden soll.

51 1806-1873, setzte sich auch für den Feminismus ein.

52 1904-1982.

4.2 Konstruktiver Egoismus in der Kommunikation

Damit gehen wir bitte gedanklich nun zum konstruktiven Egoismus in der Kommunikation über, wie ich ihn für meine Coachings verstehe und auch vermitteln möchte. Wir haben den konstruktiven Egoismus beim Fragenden, der mit seinen Fragen Aspekte hervorheben möchte, Akzente setzt und auch das Denken des Antwortenden, also das Denken von Ihnen, beeinflusst.

Sie wiederum sind der/die **Antwortende**, bei dem ebenfalls ein konstruktiver Egoismus herrschen sollte:

> *„Was sind die **Ziele** meines Interviews?"*
>
> *„Was sind die **Absichten**, die ich mit meinen Antworten verfolge?"*
>
> *„Was sind die **Vorgaben**, die meine Organisation mit inhaltlich wie auch formal macht?"*

Oder, wenn es ganz dicke kommt:

> *„Mit welchen Formulierungen komme ich hier durch den Untersuchungsausschuss oder die Gerichtsverhandlung?"*

Denken Sie an eine beliebige Politikerin, an einen beliebigen Politiker. Ein Auftritt in den Fernsehnachrichten, ein Hörfunkinterview, ein Wortlautinterview in einem überregionalen Medium: Wie oft haben Sie den Eindruck gewonnen, dass an Fragen vorbeigeantwortet wird, dass es nur die eigene Agenda ist, die zählt?

Oder denken Sie nur an das Beispiel aus dem Vorwort.

5. Wer antwortet, führt

Wir haben keinen guten Eindruck von Interviewpartnerinnen und Interviewpartnern, wenn sie den Fragen ausweichen. Das liegt daran, dass die Medien den Zugang zu jemandem eröffnen, den wir als Medienkonsumenten in der Regel nicht haben. Folglich bringt man Journalistinnen und Journalisten bei, dass sie „Anwalt der Zuschauer" sind, deren Interessen wahrnehmen müssen und dementsprechend zu agieren haben. Das bedarf einer professionellen Distanz. Die geht zuweilen verloren, wenn Journalisten von Ereignissen zu sehr mitgenommen und betroffen sind. So bat im Februar 2023 eine ukrainische Journalistin, die für die BBC[53] berichtet, den ukrainischen Präsidenten Selenskyj um eine Umarmung, die dieser auch gewährte. Menschlich ist dieses Bedürfnis absolut nachvollziehbar – professionell aus journalistischer Sicht ist es nicht. Schließlich stammt jener, der deutschen Tagesthemenlegende Hanns-Joachim Friedrichs[54] zugeschriebener Satz *„Mach Dir keine Sache zu eigen – selbst dann nicht, wenn es eine gute ist"* letztlich im Original von dessen Ausbilder – bei der BBC.

Ich möchte Sie weiterhin ermuntern, die Fragen der Interviewführenden zu **respektieren**, zu **beantworten** und **konstruktiv zu interpretieren**. Letztlich kommt es nicht auf die Fragen an, sondern auf die Antworten. Niemand liest ein Interview, weil es die bekannte Journalistin Beispielfrau ist, die es führt. Man liest ein Interview, weil man sich für das Thema, beziehungsweise **Sie als Gesprächspartner/in** interessiert.

Als Sie noch ein kleines Kind waren und gerade so ein wenig sprechen konnten, hat man Ihnen beigebracht, dass es von Ihnen erwartet wird, die Fragen der Autoritäten (in der Regel die eigenen Eltern) ordnungsgemäß zu beantworten. Warst du an der Keksdose? Warum hast du den X gehauen? Wer von euch hat die Wände bemalt? Warum hast du dem Hund die Haare geschnitten? Hast du die Schokolade genommen? Wenn man – beispielsweise bei der letzten Frage – gelogen hatte, weil man nicht realisierte, dass das ganze Gesicht noch voller Schokoladenreste war, gab es eine Sanktion, je nach Ausprägung des Elternhauses schärfer oder weniger scharf.

In dieser Zeit haben wir gelernt, dass wenn wir die **Wahrheit** sagen, die Strafen milder ausfallen. Gewissermaßen der strafmildernde Bonus, der uns auch vor Gericht gewährt wird. So haben wir – noch lange bevor wir Fakten über unser Rechtssystem lernten – gewissermaßen die ersten rechtsstaatlichen Prinzipien unserer Bundesrepublik im Elternhaus beigebracht bekommen.

Speichern Sie diesen Vorgang bitte einmal als „Antwortreflex" ab: Du wirst was gefragt – du hast zu antworten.

---

53 British Broadcasting Company. Die ARD-Sender wurden nach dem zweiten Weltkrieg nach dem Vorbild der BBC gegründet.

54 1927-1995.

Dann haben Sie – als Kind, als Jugendliche und später auch im Erwachsenenleben – die Erfahrung gemacht, dass es guttut, **gemocht zu werden**. Wir haben weniger negativen Stress, wir werden Bestandteil eines Freundeskreises, in den wir aufgenommen werden und in dem wir sozial auf- oder absteigen können, die Beziehung wird harmonischer, das Scheidungsrisiko sinkt und auch die Karriere läuft besser. Folglich entwickelten wir das Bedürfnis, gemocht zu werden ständig weiter.

Und jetzt erkennen Sie bereits, welche enorme **toxische Mischung** es ist, wenn wir etwas gefragt werden (was wir so nicht beantworten möchten oder was uns unangenehm ist) aber gleichzeitig gemocht werden möchten (tief in uns drin, selbst wenn es uns gar nicht bewusst ist). Im Coaching sagen mir an dieser Stelle einige Coachees durchaus glaubwürdig, dass es ihnen in der Sache gar nicht so sehr darum geht, persönlich gemocht zu werden und sie sich deshalb frei davon fühlen. Das ändert sich dann wieder blitzartig, wenn ich einwende, ob man denn als Firma/Dienstleister/Organisation/Partei gemocht werden möchte. Dann spielt das Bedürfnis gemocht zu werden halt auf einer anderen Ebene eine wesentliche Rolle.

Der dritte Punkt, der uns allen in der Kommunikation zu schaffen macht, ist unsere **Detailkenntnis**. Nehmen wir einmal an, Sie arbeiten als Führungskraft in einem Unternehmen der Automobilindustrie und werden gefragt:

> *„Worauf wird es in der Automobilindustrie in den nächsten fünf Jahren besonders ankommen?"*

Das ist eine 360-Grad-Frage, auf die Sie nicht wirklich umfassend antworten können. Solche Fragen stellt man in der Regel als Interviewer, wenn man den Gesprächspartner allgemein abholen möchte, wenn man selbst noch nicht so genau weiß, in welche Richtung man das Interview führen möchte (ACHTUNG: Hier ist enorm viel Gestaltungsspielraum für Sie drin!), oder man hat so gar nichts an Fragen vorbereitet und schaut, was passiert (ACHTUNG: Hier ist noch mehr Gestaltungsspielraum für Sie drin – aber auch eine enorme Gefahr, komplett mit den Antworten aus dem Ruder zu laufen.).

Sie wundern sich nun, worauf der Interviewer hinaus will mit seiner Frage und fangen dann schon mal an zu antworten (wegen des **Antwortreflexes** und dem **Bedürfnis, sympathisch wirken zu wollen**). Aber wo fangen Sie an? Umwelt? Technik? Standort? Antriebstechnik? Gesetzliche Rahmenbedingungen? Den Aufteilungen zwischen Entwicklung (Inland) und Produktion (Ausland)? Dem Anteil seltener Erden? Der Besteuerung von Diesel und Benzin? Den Abgasnormen? Dem Straßennetz? Einem Tempolimit? Der Stärke der Gewerkschaften am Standort? Der gesellschaftlichen Akzeptanz des Autos? Der mobilen Gesellschaft in der Zukunft? – Diese Liste könnten wir hier noch eine ganze Weile so fortführen.

Sie erahnen aber bereits die Lösung?

Genau: **Wer antwortet, führt.**

Dazu müssen Sie zunächst ein wenig **egoistischer** werden und nicht dem Bedürfnis nachgeben, alles und jedes so zu beantworten, wie Ihr Gegenüber es vielleicht gemeint haben könnte. Das Ergebnis wäre folgendes: Sie beginnen zu erzählen, sind wenig fokussiert und kommen vom Hölzchen aufs Stöckchen aufs Blättchen und auf die Raupe – wechseln gewissermaßen von Flora zu Fauna und merken es nicht. Was aber alle merken ist, dass Sie hier ins Schwafeln geraten, Ihren Gegenüber mit Fachlichkeit und Details offenbar erschlagen möchten, und Sie werden dadurch nur noch unbeliebter.

Fokussieren Sie sich vorher. Was ist mein **Top-Thema**, zu dem ich als Vertreter/in der Automobilindustrie Auskunft geben möchte? Nun sind Sie vielleicht Gegner von Verbrennungsmotoren, aber auch kein Freund der Elektromobilität. Folglich wäre Wasserstoff Ihr Wunschthema. Niemand hat aber nach Wasserstoff gefragt, wohl aber:

> *„Worauf wird es in der Automobilindustrie in den nächsten fünf Jahren besonders ankommen?"*

Und jetzt kommen Sie mit dem Wasserstoff.

> *„Vor allem beim Wasserstoff muss*[55] *die Automobilindustrie die Zeichen der Zeit erkennen und dies auch der Politik erfolgreich vermitteln."*

Damit sind Sie **konstruktiv** (Sie geben eine vernünftige und inhaltliche Antwort zum Thema einer offenen 360-Grad-Frage), aber zugleich auch **egoistisch**, weil Sie IHRE Agenda verfolgen. Nehmen wir den politischen Ansatz und es gibt eine Frage mit dem Schwerpunkt, wie die Politik sich gegenüber der Automobilindustrie verhalten solle:

> *„Von der Politik erwarten wir uns die Weitsicht, dass es nicht nur die Wahl zwischen Verbrennern und Elektroantrieben gibt, sondern dass die moderne Technik uns eine weitere, umweltgerechte und verbraucherfreundliche Alternative bietet: Den Wasserstoffantrieb."*

Bitte berücksichtigen Sie, dass ich hier weder für noch gegen den Wasserstoff argumentiere – es geht nur um die Mechanismen der Kommunikation und den Formulierungsvarianten. Selbst wenn Ihnen bewusst ist, dass der Fragende eventuell doch auf die Besteuerung von Diesel und Benzin hinaus möchte – er hat halt nicht ordentlich danach gefragt. Und selbst wenn er nach Benzin und Diesel fragt, können Sie konstruktiv-egoistisch sein:

> *„Welche Risiken sehen Sie denn bei der Besteuerung von Benzin und Diesel auf die Automobilbranche zukommen?"*

55 „Muss" und nicht: „wird", denn Sie erheben hier eine Forderung.

> *„Darüber machen wir uns derzeit nicht viele Gedanken. Wir setzen auf Wasserstoff und dort werden die Karten neu gemischt. Benzin und Diesel gehören der Vergangenheit an. Die Zukunft ist der Wasserstoffantrieb…"*

Wir bleiben beim Beispiel und gehen es ordentlich durch. Es folgt eine Frage nach den Folgen eines generellen Tempolimits.

> *„Für einen umweltfreundlichen Wasserstoffantrieb ist unter Umweltaspekten ein Tempolimit unerheblich. Das wäre dann Tempolimit aus anderen Beweggründen heraus – aber nicht wegen des Umweltschutzes. Somit stellt sich für uns das Thema derzeit nicht als besonders relevant dar. Allerdings könnte man darüber nachdenken, ob man ein Tempolimit für umweltschädlichere Antriebe einführt, als es der Wasserstoffantrieb ist."*

Das könnten wir jetzt mit den anderen Punkten ebenfalls so durchspielen. Apropos Wasserstoff: Als Elon Musk in Brandenburg war, um den Grundstein für seine Gigafactory zu legen, war auch CDU-Kanzlerkandidat Armin Laschet mit dabei und fragte Elon Musk, der für den Elektroantrieb steht wie kaum ein anderer Mensch auf der Welt, allen Ernstes: *„Was ist die Zukunft des Autos? Wasserstoff oder elektrisch?"* Und Musk antwortet: *„Elektrisch. Wasserstoff ist Zeitverschwendung."* Und anschließend lacht Musk wie eine Hyäne über den CDU-Politiker, während Laschet die offensichtliche Peinlichkeit der Situation versucht gegenüber den Journalisten abzufedern, es gäbe da ja diesen Wissenschaftsstreit über den Antrieb.[56]

Wussten Sie schon, dass der Verbrenner abgeschafft wurde? Zumindest in der Kommunikation sprechen Vertreter der (alten) Automobilindustrie nicht mehr vom Verbrennungsmotor, sondern vom Kolbenmotor. Da Elektrofahrzeuge keinen Kolben haben, wird zumindest das etwas antiquiert wirkende Wort vom Verbrennen vermieten.

5.1 Framing: Mehr Richtung als Rahmen

Praxistipp

! **Merke:** *Auch Framing ist ein wichtiger Bestandteil des konstruktiven Egoismus. Hier führt man nicht nur durch die Antwort selbst, sondern verstärkt diesen Effekt noch mit Begriffen, die man bewusst wählt – oder selbst kreiert – und in die Kommunikation einbaut.*

56 Mitschnitt liegt mir vor, vermutlich August 2021.

Zunächst etwas Grundsätzliches: **Framing**[57] ist ein Konzept in der Kommunikation, das besagt, dass die Art und Weise, wie Informationen präsentiert werden, einen Einfluss auf die Art und Weise hat, wie Menschen diese Informationen verstehen und interpretieren. Durch das Verwenden von bestimmten **Sprachelementen**, **Bildern** und **Metaphern** kann ein Sender seine Perspektive und seine Absichten auf den Empfänger übertragen.

Framing wird verwendet, um beispielsweise eine bestimmte politische Agenda zu unterstützen oder bestimmte Entscheidungen zu beeinflussen. Es kann verwendet werden, um ein politisches Thema als Bedrohung oder Chance darzustellen, um die öffentliche Meinung zu beeinflussen. Ein Beispiel hierfür ist die Art und Weise, wie eine politische Partei eine neue Steuergesetzgebung präsentieren kann: Eine Partei kann sie als notwendige Maßnahme zur Stärkung der Wirtschaft darstellen, während eine andere Partei sie als ungerechte Belastung für den Mittelstand darstellen kann.

Beispiel

Gutes Beispiel ist hier das sogenannte „Gute-Kita-Gesetz“ oder das „Starke-Familien-Gesetz“. Das sind nicht die korrekten Bezeichnungen der Gesetze, sondern es sind PR-Begriffe, die das Familienministerium (damals unter Franziska Giffey[58]) besetzt hatte. Eine Kritik an einem Gesetz, welches per Amtswegen bereits als Gute-Kita-Gesetz oder Starke-Familien-Gesetz geframt wurde, ist fast schon unmöglich.

Framing ist ein wichtiger Faktor bei der Berichterstattung über Nachrichten. Ein Medienunternehmen kann eine Geschichte auf eine bestimmte Weise framen, um ihre politische Agenda oder ihre eigene Sichtweise auf die Ereignisse zu unterstützen. Ein Beispiel hierfür ist, wie eine Nachrichtenagentur oder ein Sender über eine Demonstration berichtet: Die Berichterstatter können die Demonstration als friedlich und legitime Ausdruck des Protests darstellen, während ein anderes Medium sie als sie als gewalttätige und ungerechtfertigte Störung der öffentlichen Ordnung darstellt – selbst dann, wenn es keine Ausschreitungen wie zum Beispiel Steinwürfe gegeben hat. Beispielsweise kann auch die (friedliche) Sitzblockade vor einer Kaserne als Gewalt interpretiert werden: Nötigung.

Es ist wichtig zu beachten, dass Framing **keine exakte Wissenschaft** ist und dass es viele Faktoren gibt, die den Effekt beeinflussen können, den ein bestimmtes Frame auf den Empfänger hat. Zum Beispiel kann die Vorbelastung eines Empfängers durch seine politische Überzeugung, seinen kulturellen Hintergrund und seine Lebenserfahrungen den Effekt eines Frames beeinflussen.

57 Vgl. *Buschardt*, Workbook Krisenkommunikation.

58 Noch korrekter damals noch unter „Dr. Franziska Giffey“.

5.2 Beispiele aus der Praxis

So erging es der Diplom-Psychologin Maria-Christina Nimmerfroh, als sie die psychologischen Mechanismen der internen Kommunikation der sogenannten „Letzten Generation" untersuchte[59] und damit an die Öffentlichkeit ging. Sie tat dies in ihrer Eigenschaft als festangestellte Wissenschaftlerin der Hochschule Bonn/Rhein-Sieg[60] und wurde innerhalb kürzester Zeit von den Medien weitergereicht. Neben Auftritten bei SternTV, dem Sat.1-Frühstücksfernsehen, im Podcast von The Pioneer mit Gabor Steingart, MDR-Kultur, der WDR-Sendung Aktuelle Stunde, BILD, Welt-TV, Welt am Sonntag, Frankfurter Neue Presse und vielen anderen Medien, berichtete auch das reichweitenstarke Portal t-online[61] unter der Überschrift „Psychologin schleust sich ein und deckt Plan auf[62]".

Zunächst zum Framing der Schlagzeile: Nimmerfroh hatte sich auf einen öffentlich zugänglichen Link der Letzten Generation gemeldet und unter Pseudonym dort registrieren lassen. Das war weder ein Einschleusen, noch entdeckte sie dort einen geheimen Plan, denn die Unterlagen waren für jedermann einsehbar, der sich dort registriert hatte. 30 Jahre zuvor arbeitete sie als Gerichtsreporterin für einen Radiosender in NRW. Hat das heute einen Bezug zu den Fakten?

In der Version vieler Medien wurde aus diesen beiden Fakten: „Journalistin schleuste sich ein", „Psychologin recherchierte verdeckt", was es für die Medien etwas attraktiver für Klicks und Reichweite machte, auf Nimmerfrohs Seite jedoch zu einem negativen Framing durch die Öffentlichkeit führte und die wissenschaftliche Expertise in der öffentlichen Wahrnehmung schmälerte. Das angebliche „Einschleusen" sei nicht wissenschaftlich, als Psychologin sei sie keine Journalistin und wenn sie Journalistin sei, sei sie keine Psychologin. Auf Twitter kursierte ein Nimmerfroh-Lebenslauf aus einem Webarchiv zu einer Zeit, in der sie noch nicht als Dipl.-Psych. abgeschlossen hatte. Dies schien der Beweis ihrer Unwissenschaftlichkeit. Der aktuelle Auftritt auf der Hochschulseite wurde ignoriert, beziehungsweise bösartig unterschlagen. Dank ihres außergewöhnlichen Nachnamens wäre dieser selbst bei einer oberflächlichen Google-Suche sofort angezeigt worden.

Problematisch wurde für sie in den sogenannten Sozialen Medien[63], dass sie kurze Zeit vorher als FDP-Mitglied eine Bürgermeisterkandidatur übernommen hatte und selbst seit

59 2022 und 2023.

60 Compliance-Hinweis: Ich habe in ihrem Schwerpunktfach „Wirtschaftspsychologie" einen Lehrauftrag.

61 Wurde 2015 von der Deutschen Telekom an Ströer verkauft, agiert redaktionell vom Unternehmen unabhängig.

62 https://www.t-online.de/region/frankfurt-am-main/id_100120560/-letzte-generation-wie-ticken-die-klimaaktivisten-.html (Schlagzeilenversion, abgerufen am 12.2.2023).

63 Ich schreibe „sogenannt", weil in den Sozialen Medien ist nicht alles sozial, so wie es dort zugeht.

Jahrzehnten FDP-Mitglied ist, sowie lange Zeit zuvor in Frankfurt am Main FDP-Mandatsträgerin war.

Was bei Nimmerfroh außergewöhnlich schien: Sie war 2022 als gemeinsame Kandidatin der FDP und der Grünen als unabhängige Bürgermeisterkandidatin angetreten. „Grün" passte nicht so richtig in das Wunsch-Narrativ ihrer Gegner, weshalb sie in der Öffentlichkeit deutlich als FDP-Mitglied gelabelt wurde.

Nun sorgte die Haltung der offiziellen FDP bezüglich Klimapolitik, Energie – und vor allem einem vehement verteidigten Temponichtlimit – zu einer öffentlichen Bewertung der vorgestellten wissenschaftlichen Erkenntnisse. Noch ein wenig mehr und sie hätte sich noch für die Porschefahrt von Christian Lindner zu dessen Hochzeit medial verantworten müssen.

Die Redaktion von t-online hatte Kenntnis von der FDP-Mitgliedschaft, sah im Rahmen der Berichterstattung jedoch keinen inhaltlichen Zusammenhang (zu Recht!) und hatte nicht gesondert darauf verwiesen. Das wurde dann öffentlich sowohl Nimmerfroh als auch der Redaktion als Täuschung vorgeworfen. Der Artikel wurde anschließend auf öffentlichen Druck von der Redaktion um die FDP-Mitgliedschaft ergänzt, bei Stern TV wurde explizit darauf hingewiesen, als ginge es um einen Compliance-Faktor. Nimmerfroh war zu diesem Zeitpunkt jedoch auch Vorstandsmitglied eines Schwimmvereins mit 3.000 Mitgliedern und eigenem Schwimmbad (hatte das vielleicht ihre Haltung zur Letzten Generation und zur Umwelt mit beeinflusst?) und eines Kirchenvorstandes (hatten vielleicht religiöse Faktoren eine Rolle bei der Bewertung der Letzten Generation eine Rolle gespielt?).

Ferner trat einer ihrer Söhne bereits öffentlich für die Interessen von Fridays For Future ein und kritisierte öffentlich einige Aktionen von Luisa Neubauer, worüber wiederum die linksalternative taz und der Schweizer „BLICK" berichteten[64]. Hieran können Sie erkennen, dass je nach Auslegung sogar Familienmitglieder und deren öffentliches Agieren zu einem Framing führen können. Je nach Auslegung könnten Sie mit diesen Faktoren aus Maria-Christina Nimmerfroh verschiedene öffentliche Charaktere bilden:

Besorgte Mutter, die sich um fehlgeleitete Jugendliche sorgt und den Deckmantel der Wissenschaft bemüht. Eine Mutter, die die Aktionen des eigenen Sohnes diskreditieren möchte – selbst, wenn sie sich dazu einer anderen Organisation bedienen muss, eine verblendete Christin, die die Schöpfung bedroht sieht, eine FDP-Politikerin, welche die Haltung der Bundes-FDP mit Forschungsergebnissen stützen möchte? Oder eine enttäuschte Grünen-Kandidatin, die nun mit diesem politischen Teil ihres Lebens eine Abrechnung versucht?

64 Klimajugend sauer auf Greta Tunberg und Luisa Neubauer: „Wir fühlen uns überrannt", Blick vom 22.8.2020, https://www.blick.ch/ausland/klima-jugend-wegen-merkel-treffen-sauer-auf-greta-thunberg-und-luisa-neubauer-wir-fuehlen-uns-ueberrannt-id16052637.html.

All das ist völliger Blödsinn.

Je nach Haltung werden Sie zu dem Schluss kommen, dass das alles sehr konstruiert wirkt. Es gibt aber nichts Konstruiertes, was in der Welt der Halbdenker und Halbwissenden im Internet nicht seine glühenden Anhängerinnen und Anhänger findet. Dabei hatten Nimmerfroh und t-online nur das gemacht, was für die Berichterstattung und ihre Aussagen wichtig war: Sich auf ihre Rolle als Wissenschaftlerin zu konzentrieren. Sonst nichts.

Wer sich aber mit den wissenschaftlichen Erkenntnissen aus Nimmerfrohs Arbeit nicht wissenschaftlich und streitbar auseinandersetzen kann, der muss umframen. Und da bietet beispielsweise eine Parteimitgliedschaft eine formidable Angriffsfläche.

Die Nachrichtenagentur Reuters hatte einmal eine Anweisung der Chefredaktion umzusetzen, Terroristen nicht mehr Terroristen zu nennen. Die Argumentation war durch Anti-Framing bestimmt, denn der Terrorist des einen ist der Freiheitskämpfer des anderen. Folglich schrieb die Nachrichtenagentur lieber über Attentäter. Somit musste die Ware „Nachricht" nicht für zwei Medienmärkte umformuliert werden und konnte unverändert sowohl Richtung Al Jazeera[65] als auch Richtung CNN[66] ausgeliefert werden.

5.3 Framing in der Unternehmenskommunikation

Framing ist auch in Unternehmen ein wichtiger Bestandteil der Marketing- und Kommunikationsstrategie.

Beispiele

- *Ein Autohersteller verkauft ein neues Modell als **„das sicherste Auto seiner Klasse"**, indem er die Sicherheitsmerkmale betont und Vergleiche mit anderen Fahrzeugen anstellt.*
- *Ein Lebensmittelhersteller kann ein neues Produkt als **„gesund"** bewerben, indem er auf seine natürlichen Zutaten und die Abwesenheit von künstlichen Zusatzstoffen hinweist.*
- *Ein Elektronikunternehmen verkauft ein Laptop-Modell als **„ultraleicht und tragbar"**, indem es auf sein geringes Gewicht und seine Mobilität hinweist.*
- *Ein Finanzunternehmen behauptet, dass eine neue Kreditkarte **„praktisch und vielseitig"** sei, indem es die Vorteile wie Cashback-Belohnungen und weltweite Akzeptanz herausarbeitet.*

65 Arabischer Nachrichtensender mit Sitz in Doha, Katar.

66 US-amerikanischer Nachrichtensender mit Sitz in Atlanta.

- *In der Bauindustrie bewirbt man ein neues Wohngebäude als* ***„energieeffizient"****, indem man auf seine fortschrittlichen Technologien zur energiesparenden Beleuchtung und Heizung aufmerksam macht.*

So wird ein eher langweiliges und leicht vergleichbares Produkt inkl. Dienstleistung attraktiver und scheinbar einzigartig.

Was allen Framing-Maßnahmen gleich ist: Sie sollen dazu beitragen, dass man sich aus der Masse der Kommunikation abhebt, dass man individueller wirkt in seinen Botschaften und somit auch klarere Konturen bekommt.

Wir sind folglich in der Lage, konstruktiven Egoismus mit Framing zu unterstützen. Wir können Inhalte umdeuten, aus Fragen das Negative zum Positiven wenden und vor allem: Wir sind in der Lage, einen klaren Kopf zu behalten und mit negativen Emotionen aus der Frage deeskalierend umzugehen.

PR-Beratern oder **Kommunikationsverantwortlichen** von Unternehmen, die als Zuhörer beispielsweise im Coaching mit einer **CEO** mit dabei sind, rutscht schon mal das Herz in die Hose, wenn ich dem Coachee sage, er sollte sich **nicht auf die Fragen von Journalisten vorbereiten**. Mit meinem System wäre das weniger Arbeit – und man sei besser vorbereitet. Das widerstrebt zunächst allen Abläufen, die man in den Kommunikationsabteilungen und deren Beratung mit der Führungsspitze kennt und die bis dahin üblich waren.

Atmen wir einmal in Ruhe durch und beginnen, diese These etwas genauer zu betrachten.

Es kommt die Anfrage für ein Interview. Erster Impuls: Was wollen die denn wissen, welche Fragen haben die denn? Dann wieder Kontakt zum Medium: Bitte schicken Sie uns doch schon mal einige Fragen, damit wir uns vorbereiten können. Dann kommen einige Fragen, man bereitet sich vor, dann findet der Interviewtermin statt.

So weit. So gut. So risikoreich.

Auf der Gegenseite beim Medium passiert durch Ihre Nachfrage nach den Fragen folgendes: Der Redaktionsschluss wird nach vorne verlegt. Es entsteht eine gefühlte moralische Verpflichtung, sich an diese Absprachen auch später zu halten und bei etwas kritischeren Fragestellungen wissen die Medien genau, sie bekommen später ein von Coaches und/oder Rechtsanwältinnen **vorgefertigtes Statement** aufgesagt. Beim Termin führt man dann nicht mehr ein Interview, sondern spielt ein geskriptetes Interview nach. Das ist weder attraktiv für die Mediennutzer noch für das Medium oder auch das Unternehmen, für das Sie das Interview geben.

Und was passiert auf Ihrer Seite, wenn Sie die Fragen geschickt bekommen? Sie interpretieren anhand der Fragen, welche Themen das Medium auf welche Art und Weise ansprechen wird. Sie leisten **doppelte Übersetzung**:

Zunächst übersetzt das Medium die Themen in Fragen und dann re-übersetzen Sie die Fragen wieder in die Themen.

Wozu so viel Aufwand betreiben, bei dem noch Übersetzungsfehler passieren können? Fragen Sie doch einfach beim Medium nach, welche **Themenfelder** man ansprechen möchte. Um beim Beispiel aus der Automobilbranche zu bleiben: Wir wollen mit Ihnen über die Antriebstechnologien der Zukunft sprechen, deren politische Akzeptanz und darüber, wo und wie sie das künftig für Ihren Konzern umsetzen möchten und welche Alternativstrategien Sie haben, falls Wasserstoff sich nicht durchsetzen wird.

Das ist doch viel konkreter. Ich weise aber hier schon einmal vorsorglich darauf hin, dass es noch einen berechtigten Einwand gegen die Vorgehensweise gibt, den ich jedoch ebenfalls vollends entkräften werde.

Sie bereiten sich nun auf die Aussagen und Inhalte vor, mit denen Sie diesen Teilaspekten Ihrer Themenwelt begegnen werden. Sie pauken gewissermaßen Ihre Inhalte – aber nicht deren wörtliche Formulierung: Wasserstoff, Politik, Strategien. Was Sie außen vorlassen, weil es keine Rolle spielen wird, ist beispielsweise das Themenfeld Tempolimit in Deutschland. Das überlassen Sie den Grünen und der FDP, sich darüber zu streiten. Es wird in Ihrem Interview keine Rolle spielen.

Jetzt zum Einwand: Damit wissen wir doch noch gar nicht, wie **schwierig** oder **negativ** die Fragen formuliert werden. Mag sein. Aber kommt es beim Gedanken eines konstruktiven Egoismus darauf überhaupt an?

Wer antwortet, führt.

Was heißt das denn: Eine schwierige Frage? – Die Frage kann doch nicht wirklich schwierig sein, denn sie wird von jemand anderem gestellt. Das scheinbar Schwierige liegt doch in der **Antwort**. Was soll daran schwierig sein, wenn Sie gut auf die Themen vorbereitet sind? Die Situation kann nur durch **drei Faktoren** von Ihnen als schwierig interpretiert werden:

1. Sie haben keine Ahnung von dem Thema.
2. Ihre Organisation ist auf das Thema im Management des Sachverhaltes nur unzureichend oder gar nicht vorbereitet.
3. Sie haben die Unterlagen der Kommunikationsabteilung nicht ordentlich gelesen.

Was ist denn an einer Frage schwierig, wenn Sie gut vorbereitet sind und die Antwort gemäß den guten Eigenschaften eines konstruktiven Egoismus strukturieren?

Jetzt löse ich einen weiteren Einwand auf, der meistens geäußert wird, wenn wir von sogenannten negativen Fragen sprechen. Was ist denn an einer Frage negativ, wenn wir gut vorbereitet sind? Im Zweifel ist der Sachverhalt für uns nicht positiv (weil wir ja lieber gemocht werden möchten), aber was ist denn die Ursache dafür, dass unser Sachverhalt negativ ist?

Was ist der Grund dafür, dass die Presse eher kritisch über uns berichtet? War es die Presse, die einhundert Hektoliter Supertoxin in die Umwelt abgelassen hat, oder waren wir das? War es die Presse, die beschlossen hatte, unseren Produktionsstandort von Deutschland nach Rumänien zu verlegen? War es die Presse, die einmal in der Woche für uns mit zwei Koffern voller Geld nach Liechtenstein gefahren ist? War es die Presse, die unsere Mitarbeiterinnen sexuell belästigt hat? War es die Presse, die... Und die Liste können Sie beliebig fortsetzen.

Wir halten einmal fest: Wenn die Presse über den enormen Insektenbefall in unseren Büroräumen berichtet, ist nicht der Bericht das Problem, sondern, dass wir so viele Leichen im Keller haben, die dort vor sich hin modern.

Kurz: Ohne Aas kein Fraß!

Folglich müssen wir die Fragen **ent-emotionalisieren**. Ein Beispiel:

1. *„Wie bewerten Sie denn hier am Standort die Zukunft Ihres Unternehmens?"*
2. *„Haben Sie erste Zweifel, dass dieser Standort weiterhin der richtige ist?"*
3. *„Sie ziehen hier doch sicher bald weg, oder?"*
4. *„Gemäß der Geschäftsleitung und ihren Boni muss doch demnächst der Umzug nach Rumänien erfolgen, oder?"*
5. *„Die Menschen hier in der Region sind Ihnen doch scheißegal. Bei Ihnen geht es doch nur um den Profit!?"*

Sie MEINEN, dass es sich hier um **fünf verschiedene Fragen** handelt. Sie MEINEN, dass Sie sich auf fünf verschiedene Fragen fünf Mal unterschiedlich vorbereiten müssen und Sie MEINEN, dass die Frage eins ganz OK ist, die Fragen zwei und drei etwas unangenehm und die Fragen vier und fünf sogar sehr schwierig sind. Vielleicht auch unfair oder gar gemein. Aber wieso?

Es gibt doch nur zwei Varianten: Entweder Sie bleiben am Standort – dann sind die Fragen drei, vier und fünf ohnehin kein Problem, weil sie keineswegs durch den Sachverhalt gedeckt sind und somit leicht zurückgewiesen werden können – oder sie bleiben nicht am Standort: Dann sind die Fragen vermutlich nach Ihrem Geschmack etwas zu barock formuliert, aber der Sachverhalt ist doch **korrekt**, schließlich wechseln Sie den Standort um mehr Geld zu verdienen und die normale Belegschaft aus den Produktionshallen wo die Bänder laufen, wird nicht mitreisen nach Rumänien.

Wozu dann also die ganze Aufregung über die angeblichen Schwierigkeitsgrade der Fragen? Beschäftigen wir uns doch mit dem Kern der Fragen. Dieser ist bei allen fünf Fragen nämlich gleich: *„Was haben wir zur Zukunft des Standortes mitzuteilen?"*

Einer der wesentlichen Tricks im konstruktiven Egoismus ist es demnach, dass wir **stufenweise** vorgehen:

1. Ent-Emotionalisierung der Frage.
2. Kern der Frage erkennen.
3. Den Kern der Frage unserer thematischen Vorbereitung zuordnen.
4. Aus diesem Argumente-Fundus bedienen wir uns.
5. Wir packen konstruktive Emotionen in unsere Antwort.

Das Ergebnis wird sich sehenlassen können: Wir wirken **deeskalierend** für die Konsumenten unseres Interviews, wir behalten einen **klaren Kopf**, wir lassen uns nicht zu unüberlegten und zu (negativ)emotionalen Äußerungen hinreißen, wir wirken souverän und unsere Gegenüber können sich verbal an uns abarbeiten, ohne wirklichen Schaden anzurichten.

Das ist auch einer der wesentlichen Faktoren bei der Krisenkommunikation. In einem Fall von massiver verbaler sexueller Belästigung durch einen Mitarbeiter eines meiner Auftraggeber beklagte sich dieser, dass er durch die TV-Berichterstattung für die Menschen aus seinem persönlichen Umfeld sehr leicht zu identifizieren war. Der Sender sprach zwar neutral von „Andreas B." und legte einen sogenannten Blur-Effekt über sein Gesicht – aber direkte Kolleginnen und Kollegen sowie seine Nachbarn wussten natürlich ganz genau, wer gemeint war. Als ich ihm dann sagte, dass ohne seine verbale sexuelle Belästigung, explizite Aufforderungen per WhatsApp zu sexuellen Handlungen, die Redaktion von *Explosiv – das Magazin*[67] auch keinen Anlass zur Berichterstattung hätte, empfand er dies bereits als persönlichen Angriff.

Dabei ist es so einfach: Ohne Tat kein Verbrechen, ohne Verfehlung kein Skandal und ohne Mord gibt es auch keine Leiche. Warum, um Himmelswillen, meinen wir immer im Zusammenspiel zwischen Presse und Organisation würden andere physikalische Gesetze gelten als in den sonstigen Situationen aus Alltag oder Beruf, die wir kommunikativ begleiten?

Nehmen wir einmal an, Sie werden negativ befragt und möchten das Thema eher positiv oder zumindest neutral positioniert wissen in Ihren Antworten. Dann müssen wir uns anschauen, wann ein Originalton bzw. ein Zitat in den elektronischen Medien **sperriger** und wann es **geschmeidiger** ist.

Sperriger bis unbrauchbar sind Zitate, die mit **Halbsätzen** beginnen, weil man sie in den elektronischen Medien umständlicher antexten muss, oder man muss die Fragen aus dem Interview in seinen Beitrag mit aufnehmen. Beispiel für ein sperriges Statement:

67 Sender RTL. Die Sendung läuft bereits seit 1992.

„Weil wir in Deutschland beste Voraussetzungen dafür haben und deswegen andere Überlegungen, was eine Verlagerung nach Osteuropa betrifft, keine Bedeutung für unsere Entscheidungen haben."

Klarer wird der Zusammenhang, wenn Sie in einem für Sie positiven Zusammenhang auch in ganzen Sätzen antworten und es insgesamt etwas einkürzen. So können Interviewantworten für sich selbst stehen, eignen sich für Trailer und Soundbites[68] in den sozialen Medien.

„Deutschland hat beste Voraussetzungen dafür, auch künftig ein stabiler Produktionsstandort unseres Konzerns zu bleiben."

Müssen Sie im Vorfeld Ihrer Aussage ein Fakt aus der Frage klar verneinen, wäre das, was soeben noch richtig war (im ganzen Satz zu antworten) hier wiederum falsch, weil es das Negative wiederholt:

„Nein. Deutschland wird nicht als Produktionsstandort geschlossen werden. Deutschland hat beste Voraussetzungen dafür, auch künftig ein stabiler Produktionsstandort unseres Konzerns zu bleiben."

Hier nutzen wir den Halbsatz für die Verneinung und nehmen das **Positive** in den ganzen Satz auf:

„Genau das Gegenteil ist richtig. [Kurze Pause für den späteren Schnitt] Deutschland hat beste Voraussetzungen dafür, auch künftig ein stabiler Produktionsstandort unseres Konzerns zu bleiben."

Auch hier: **Wer antwortet, führt.**

So einfach ist das.

68 Kurzes, einfaches und leicht verständliches Zitat.

6. Projektionsbegriffe und Projektionstechniken

„Wir bieten unseren Kunden eine einzigartige Customer Experience"

In großen, bunten Lettern (natürlich in **bold**) prangt diese Aussage während eines Präsentationscoachings metergroß an der Wand. Der Coachee ist begeistert, hat er doch soeben einen wirklich guten Lauf hingelegt. Noch 36 Stunden bis zum öffentlichen Auftritt. Doch dann ist er irritiert, weil er in dem von mir als mangelhaft bezeichneten Satz nicht wirklich einen Mangel erkennen kann. Wir liegen gut in der Zeit, sodass ich mir den Luxus gönne, dass er selbst auf die Lösung kommt, indem ich ihm etwas mehr Zeit einräume. Er braucht allerdings etwas Unterstützung.

> *„Was heißt das denn: ‚eine einzigartige Customer Experience'?"*
>
> Ungläubig schaut er mich an, als hätte ich in der Schule nur Klatschen und Tanzen gehabt.
>
> *„Na eine ‚Customer Experience' halt."* Seine Berufswelt ist das natürliche Habitat des Anglizismus. Meine ist es nicht.
>
> *„Eine Kundenerfahrung."* Was soll das sein? Auch im Deutschen fällt ihm das jetzt noch nicht auf.
>
> *„Ja, das habe ich verstanden. Was heißt das denn?"* – Natürlich könnte ich die Frage präziser stellen und fragen: *„Was wollen Sie denn mit ‚Customer Experience' zum Ausdruck bringen?"* – Aber dann würde ich gegen meinen Lernansatz: „Wer antwortet, führt!" verstoßen und ihm die Arbeit abnehmen. Ich vertrete eher den Ansatz, Coachees selbst zur Erkenntnis gelangen zu lassen. Das ist nachhaltiger.[69]
>
> *„Customer Experience ist Kundenerfahrung, Kundenerlebnis. Was ist daran falsch?"*
>
> *„Ich kapier es nicht."*
>
> Er kann nichts Schlechtes darin erkennen. Wir blockieren uns gedanklich dann doch ein wenig und ich schreite zur Lösung:
>
> *„Treffen sich zwei Kunden. Sagt der eine zum anderen: ‚Du ich hatte neulich eine ganz tolle Kundenerfahrung bei denen. Da musst du auch mal hin.' ‚Oh', sagt der andere. ‚Ein solches Kundenerlebnis möchte ich auch gerne mal wieder haben.'"*

---

69 Ebenfalls ein Projektionsbegriff.

Derartig schnell geht die Sonne sonst nur am Äquator auf, so zügig dämmert es ihm: **Seine Kunden werden in dieser Form nicht sprechen**. Folglich muss er anders liefern, gewissermaßen vollumfänglich mal an eigener Haut *experiencen*, was seine Kunden alles so erleben in seinem Unternehmen. Und mit einem Mal sprechen wir über **Produktqualität**, **Servicelevel** und **viele andere Dinge**, die seine Kunden sonst vom Hocker hauen.

An diesem Punkt wird vor allem deutlich, was Projektionsbegriffe für eine schädliche Wirkung haben, wenn sie auf Menschen treffen, die noch gar keine Projektion entwickeln konnten und für die dann letztlich *Customer Experience* nur eine hohle Wortphrase ist. Anders dagegen beim **unternehmensinternen Fachpublikum**: Die Marketingteams wissen sehr wohl, was sich hinter der Customer Experience im eigenen Leistungsspektrum verbirgt, wie facettenreich die Inhalte sind, wie sie um Budgets und Marketingmaßnahmen wochen- und monatelang gerungen haben, was sie vom Wettbewerb unterscheidet und vor allem, wie man sich damit künftig Marktanteile sichern und ausbauen kann. Damit weder die PowerPoint-Folie noch die Köpfe der Zuschauer explodieren, wird das alles mit dem abstrakten Begriff „Customer Experience" zusammengefasst.

Alles drin, nichts vergessen – und für Externe leider **nichts** gesagt.

Dennoch können solche **Projektionsbegriffe**, verbunden mit den richtigen rhetorischen **Projektionstechniken**, ausgesprochen erfolgreich sein. 2021 ist damit sogar jemand Bundeskanzler geworden. Doch dazu später mehr.

Projektionsbegriffe können somit eine große Chance in der erfolgreichen Kommunikation sein – sie können aber auch in ein Desaster führen.

Eine Maschine. Metall, Kunststoff, Kupfer, Stahl, Blech, Aluminium, Kabel, Strom. Ein paar seltene Erden. Software. Entwicklung. Markttest. Pilotphase. Markteinführung. Business to Business. Schnell noch etwas Kommunikationscoaching vor dem Auftritt am Messestand.

Coaching läuft.

> *„Wozu ist die Maschine denn da?"*
>
> *„Die Maschine wird in einer Industrieumgebung eingesetzt."*
>
> *„Davon gehen ich bei einem B2B-Produkt aus. Was kann die Maschine denn?"*
>
> *„Die Maschine kann bis drei Kilo."*
>
> *„Da kann ich mehr. Was macht die Maschine denn?"*
>
> *„Die Maschine wickelt industrielle Standardprozesse ab."*

Und so ging das dann noch eine gute Viertelstunde hin und her. Man kann im Coaching natürlich bei einer Blockade Umgehungswege aufzeigen. Das ist manchmal eine gute

Lösung. Hier nicht. Hier muss die Blockade meiner Ansicht nach vom Coachee selbst durchbrochen werden. Schließlich bricht es aus dem Coachee heraus:

„Die Maschine sortiert in Großbäckereien die Brötchen!"

Brötchen. Eine Offenbarung: Eben noch Metall, Kunststoff, Kupfer, Stahl, Blech, Aluminium, Kabel, Strom. Und jetzt: Sesam, Mohn, Kürbiskerne, der Geruch einer Backstube, die Familie beim Sonntagsfrühstück, frischer Kaffee, Rührei mit Speck, besondere Marmeladen.

Sie merken, wie plötzlich Ihre Sinne ganz anders angesprochen werden. Natürlich macht die Maschine kein Rührei mit Speck oder setzt einen Kaffee auf. Aber mit frischen Brötchen verbinden wir eine ganze **Themenwelt**. Die erschließt sich nicht mit der Information: *„Die Maschine kann bis zu drei Kilo und wird in einer Industrieumgebung für Standardprozesse eingesetzt".*

Folglich entsteht eine positive Projektion nicht durch einen Projektionsbegriff, sondern eine **weitere sinnliche Projektion** durch die konkrete Benennung einer Anwendung. Das Problem für das Unternehmen: Die Maschine kann natürlich nicht nur Brötchen sortieren. Mit ein wenig Modifikation kann die noch mehr. Schokolade einwickeln zum Beispiel. Denn Schokolade wird nicht klassisch verpackt, sondern gewickelt. Schokolade. Das auch noch. Frische Brötchen und Schokolade. Da wo eben noch Metall, Kunststoff, Kupfer, Stahl, Blech, Aluminium, Kabel, Strom waren, kommt nun auch noch Schokolade dazu. Der Neurotransmitter Dopamin wird durch Schokolade freigesetzt. Laut Wissenschaft: Körpereigene Opiate.

Mehr davon!

Und schon wieder: **Wer antwortet, führt!** Vorausgesetzt, die Antwort ist richtig gewählt und für die Zielgruppe vor allem gut genug aufbereitet.

In einem anderen Coaching rund um Industrie 4.0 und miteinander kommunizierende Maschinenbauteile erläuterte mir jemand mit wachsender Begeisterung die Vorteile, sich sein Müsli in einem Online-Shop individuell zusammenzustellen und dann per Internet nach Hause liefern zu lassen.

Müsli. Meine Begeisterung hielt sich in allerkleinstminimalsten Grenzen, sieht die Lebenswirklichkeit in meiner munteren Patchwork-Familie komplett anders aus. Die Rohzutaten sind reichlich vorhanden – jede/r mischt selbst. Die Vorstellung, jeder hätte seine eigene Müslipackung in der Küche herumstehen – schrecklich! Aber er wollte wirklich über die Vorzüge des Müslis mit mir diskutieren. Ich hielt eine Weile dagegen, bis es aus ihm herausplatzte: *„Aber wir bauen doch die Maschinen dafür!"*

Wieder eine Offenbarung: So unsinnig das Produkt in meinen Augen auch sein mag – ich verstehe sehr wohl die Ingenieursleistung, die dahintersteckt: In einem industriellen Prozess einer Massenproduktion die „Stückzahl Eins" ohne Mehrkosten produzieren zu können. Ältere erinnern sich noch daran, wie aufwändig und kostenintensiv es früher für Betriebe war, zum Beispiel fünf Jacken für Monteure individuell besticken oder bedrucken zu lassen. Mindestabnahme 20 Exemplare oder Mindestauftrag ab 1.000 Euro waren üblich. *„Das bedeutet, Sie könnten zum Valentinstag auch einen Flacon mit individueller Gravur herstellen und direkt zum Besteller versenden, ohne ihn von Hand sortieren und verpacken zu müssen?"* Natürlich. Und noch vieles mehr. Nicht nur bei Flacons. Auch bei edlem Gin oder teurem Wein.

Beide Beispiele sind geringfügig unterschiedlich. Bei der Maschine, die bis zu drei Kilo für Standardprozesse kann, entsteht die Sinnlichkeit in der Kommunikation durch unser **Wissen** (!) über frische Brötchen und leckere Schokolade. Bei der Müsli-Maschine entsteht die Sinnlichkeit in der Kommunikation durch unsere **Fantasie** (!) über all das, was noch möglich wäre. Wichtig ist, dass wir in unseren Antworten **nicht** nach **starren Regeln** kommunizieren, sondern nach **dehnbaren Regeln** – aber festen Prinzipien. Hier lautet das Prinzip: Mach Dein „Ding" sinnlich. Nicht: Beschreibe die Produkteigenschaften des Endproduktes. Unter Garantie ist Ihnen eben jemand in den Sinn gekommen, dem Sie mit einem individualisierten Geschenk eine Freude machen könnten – und wie aufwändig es normalerweise für Sie wäre, diese Individualisierung zu organisieren. Geht das überhaupt mit dem Produkt? Hat es das richtige Material? Wo finde ich jetzt noch jemanden, der gravieren kann? Muss es Siebdruck oder Tampondruck sein? Welche Fadendicke ist die richtige und wie sieht das auf der Rückseite aus? Schimmern Farben durch? Aber in einem Satz erklärt: *„Unsere Maschine kann in einer industriellen Fertigung auch eine individuelle ‚Stückzahl Eins' herstellen"* – ist auf den ersten Blick eine abstrakte Formulierung, auf den zweiten Blick jedoch ein Füllhorn der Fantasie und Einsatzmöglichkeiten.

Als wir das kommunikative Problem der *„Maschine, die bis zu drei Kilo in Standardprozessen kann"* weiter analysierten, kamen wir folglich auf Dutzende andere Anwendungen, die ebenso **wichtig** – aber nicht ganz so **sinnlich** waren. Deshalb müssen wir uns in unserer Kommunikation darüber Gedanken machen, **welche Aspekte** die Kommunikationsempfänger für eine entsprechende Einordnung benötigen. Müssen die Kommunikationsempfänger tatsächlich alle Facetten der Maschine auf einmal verstehen, oder reicht nicht ein „Wow-Effekt" für das Verständnis für die Maschinenbedeutung im Alltag vollkommen aus – und der Rest findet sich dann im vertiefenden Fachgespräch? Mit der *Information „Die Maschine kann bis zu drei Kilo in einer Industrieumgebung"* kommt kein Medium ernsthaft auf die Idee, eine Schlagzeile zu kreieren. Aber *„Diese XYZ macht Ihr Frühstück erst möglich"* oder *„Die XYZ schafft 2.000 Brötchen in der Stunde – wie viele schaffen Sie?"* oder *„Gewickelt statt nur geklebt: So geht Schokolade!"* Da muss man als Dipl.-Ing. schon starke Nerven haben, denn die gewaltige Kompetenz des deutschen Ingenieurswesens wird in solcher Berichterstattung nur im Nanobereich wiedergegeben – aber die Relevanz der Maschine wird sofort erkannt. Oder lesen Sie im Ernst einen Artikel mit der Überschrift: *„Neue Maschine für Industrieumgebung kann bis zu drei Kilo"*?

„Neuer Hygienespüler schützt vor 99 Prozent aller Viren und Bakterien" – das war keine gute Schlagzeile für eine Pressemitteilung, die einmal die von mir geleitete PR-Agentur verließ. Es kam, wie es kommen musste: Die Medien wollten eher wissen, gegen welches ein Prozent das Zeug denn **nicht** schützt.[70] Nun muss man wissen, dass die Marketingabteilung diesen Hygienespüler für die „Zielgruppe der Phobiker" vorgesehen hatte. Natürlich wurde die Wäsche durch das Additiv hygienischer – aber bereits bei der Fahrt mit dem Bus oder an der Garderobe des Arbeitsplatzes war dieser Effekt wieder hinüber. Mit der Schlagzeile *„Fußpilz im Unterhemd"* lief derselbe Text allerdings in der zweiten Aussendung wie frische Brötchen oder Schokolade.

6.1 Das perfekte Statement

Schauen wir uns einen **Klassiker in der politischen Projektionskommunikation** an. Er ist fast 15 Jahre alt, da aber in der Kommunikation gelegentlich auch schon mal die Schlusslehre von Aristoteles[71] vorkommt und selbst Sokrates[72] in der Kommunikation seinen Platz hat, ist er im Vergleich dazu noch recht frisch.

Als es in Hessen nach einer verpatzten Wahl des CDU-Amtsinhabers rein rechnerisch eine Mehrheit von SPD und Linkspartei gab, kam die damalige SPD-Landeschefin Andrea Ypsilanti ins Grübeln, ob man angesichts dieser Verlockung weiterhin an der im Wahlkampf geäußerten Absage gegenüber der Duldung einer SPD/Grüne-Minderheitsregierung durch die Linkspartei, oder gar einer Koalitionsabsage mit der Linkspartei festhalten solle. Inzwischen hat selbst Rot-Rot nicht mehr wirklich den Nimbus des großen politischen Sündenfalls in Deutschland, aber damals gab es vier SPD-Abweichler/innen, die auch öffentlich bekundeten, ihrer Landeschefin nicht in eine derartige Konstellation mit der Linkspartei folgen zu wollen. Obwohl eine andere SPD-Politikerin inhaltlich die stärkere Geschichte bot,[73] trat vor allem Carmen Everts vor den Kameras sehr medienwirksam auf. Hatte sie ihren Wahlkreis noch stabil mit 40 Prozent der Erststimmen gewonnen, trat sie nach der Ypsilanti-Verweigerung nicht mehr an[74] und kassierte in einem Parteiordnungsverfahren eine Rüge. Aber ihr Kernstatement auf der Pressekonferenz der vier Abweichler/innen[75] hat es an Perfektion in sich.

70 HIV.

71 384-322 v. Chr.

72 469-399 v. Chr.

73 Dagmar Metzger war damals privat in einer sehr schwierigen Situation und wäre auf das Landtagsmandat dringend angewiesen gewesen, hatte sich aber dennoch öffentlich positioniert in dem Bewusstsein, dass sie dafür harte Konsequenzen befürchten musste.

74 Der Wahlkreis ging anschließend an die CDU verloren.

75 Neben Metzger und Everts noch Silke Tesch und Jürgen Walter.

> *„(1) Die Aufgabe meiner Wählerinnen und Wählern war und ist die Ablösung der Regierung Koch und eine andere sozialdemokratische Politik für Hessen. (2) Aber nicht um den Preis der Koalition mit der Linkspartei, (3) nicht um den Preis meiner persönlichen Grundwerte und (4) nicht um den Preis der Wahrhaftigkeit in der Politik. [Fester Blick in die Führungskamera des ZDF] (5) Ich kann das nicht."*

Gehen wir die Sätze der Reihe nach durch. Hier handelt es sich in erster Linie um die klassische rhetorische Figur der **3-Satz-Regel**, beziehungsweise der **5-Satz-Regel**. Die beiden Regeln unterscheiden sich nur darin, dass man entweder ein Topargument nutzt oder klassischerweise drei. Betrachten wir uns zunächst die **Ebenen** ihrer Kommunikation:

(1) Sachebene, (2) Sachebene, (3) Ich-Botschaft, (4) übergeordnete Werte, denen wir alle unterliegen[76] (5) Ich-Botschaft.

Weitere Analyse gemäß 5-Satz-Regel: (1) aufmerksamkeitsfördernder Einstieg [Publikum kann die Plausibilität der Formulierung nachvollziehen: „Richtig, genau das habt ihr erreicht.") (2-4) argumentativer Mittelteil [Ebenfalls möglich, aber weniger elegant ist der Klassiker: *Erstens. Zweitens. Drittens.*[77]] und schließlich (5) situative Wirkungsspitze.

Gelegentlich zeige ich diese 23 Sekunden in Rhetorik- beziehungsweise Kommunikationsseminaren noch, wenn es passt. Begeistert davon sind in der Regel all jene, die so etwas hören. Doch dann gehen wir in die Tiefe: Was bedeutet denn die Formulierung „persönliche Grundwerte" von Carmen Everts? Kennen wir diese Werte? Können wir irgendeinen konkreten Grundwert daraus ableiten, bei dem wir hundertprozentig davon ausgehen können, dass Frau Everts genau davon spricht?

Hier kommen dann in der Regel erste berechtigte Zweifel auf. Konkret nachweisbar, dass es sich hierbei um eine **Projektionsformulierung** handelt, wird es dann beim nächsten Satz: *„Nicht um den Preis der Wahrhaftigkeit in der Politik"*. Um sich hier einer infantilen Formulierung des Bundeskanzlers zu bedienen: Das ist dann der Dreifach-Wumms in der politischen Kommunikation. *„Wahrhaftigkeit in der Politik"* das ist so gigantisch groß – aber wenn man diese Formulierung konkret definieren soll, dann funktioniert die Formulierung nur deshalb, weil Sie dort etwas heraushören, von dem Sie meinen, dass Frau Everts es gemeint haben könnte und ich dort etwas heraushöre, von dem ich der Meinung bin, dass es dort hineingehört. In Wirklichkeit machen wir beide aber genau dasselbe: Wir **projizieren** gehaltvolle Inhalte in eine Aussage, die im Grunde genommen nur aus sprachlichem Rhetorik-Soufflé besteht.

76 In den USA nutzt die Politik gerne an dieser Stelle den Bezug zu Gott.

77 Mehr dazu im Kapitel *Anapher und Epipher*, S. 89 ff.

Natürlich geht die Absenderin der Kommunikation hier das Risiko der Fehlinterpretation durch die Kommunikationsempfänger ein. Das ist allerdings in diesem Fall sehr gering, denn angesichts des Kontextes und der wuchtig wirkenden Formulierung *„Wahrhaftigkeit in der Politik"*, werden wir schon irgendetwas an positiv besetztem Content dort heraushören (wollen). Und bei der „persönlichen Integrität und Grundwerten"? Nun, wer kann schon in den Kopf einer Politikerin schauen. Wir müssen ihr stets zugutehalten, dass sie über Grundwerte verfügt und diese für sich auch als integer definiert hat. Ihre Grundwerte können wir nun teilen – oder auch nicht. Aber wir können ihr nicht in Abrede stellen, dass sie über derartige Werte verfügt. Sie bleibt somit **hundertprozentig glaubwürdig** – bei ebenso **hundertprozentiger Unüberprüfbarkeit des Wahrheitsgehaltes**. Das bedeutet: Auch, wenn sie hier nicht wirklich konkret ist, führt sie mit Ihrer Antwort: Denn was immer ihr Publikum dort gehört haben mag, so bleibt es im Ergebnis für sie eine positive Wahrnehmung in der Öffentlichkeit. Selbst politische Gegner haben in der Regel Verständnis dafür, wenn jemand aus der festen politischen Überzeugung heraus handelt.

6.2 Die Effektivität der Scholz-Rhetorik

Mit Berufskolleginnen und -kollegen habe ich mir im Bundestagswahlkampf durchaus die ein oder andere muntere Diskussion gegönnt. Insbesondere in Bezug auf die Projektionsfähigkeit der Aussagen von Olaf Scholz. Vermutlich haben Sie bereits vom Scholzomat oder vom Scholzen gehört. Wenn nicht, werden Sie es in ein paar Absätzen nachvollziehen können. Die wirklich guten Seiten daran – als auch die negativen Seiten, die es seit Beginn der Kanzlerschaft von Scholz entfaltet.

Gehen wir zeitlich zurück in den Bundestagswahlkampf 2021. Der Krieg Russlands gegen die Ukraine hatte noch nicht begonnen, Corona und Wirtschaft waren die beherrschenden Themen in Deutschland. Und natürlich kam auf einmal mit Annalena Baerbock eine Grüne mit in die Diskussion, der man tatsächlich rechnerisch eine Kanzlerschaft zutraute. Trotz einiger rhetorischer und taktischer Patzer gab Baerbock zu diesem Zeitpunkt durchaus eine gute Figur ab. Beim ersten Triell war sie die einzige Spitzenpolitikerin, die beim Schlusswort vors Rednerpult trat, um mehr Nähe zum Publikum aufzubauen. Wer immer sie dazu beraten hat, hat ihr damit einen guten Dienst erwiesen. In den nachfolgenden Sendungen wurde dies von Scholz und Laschet kopiert.

Nun ging es nach dem ersten Triell darum, wer das Rennen wohl in einer Forsa-Umfrage gemacht hätte zwischen den Dreien. Dass Armin Laschet, neben seinem Nachfolger Hendrik Wüst bei der Betrachtung formaler Vortragsstile abgelesener Reden einer der schlechtesten politischen Redner in Deutschland, nicht gut abschneiden würde, war klar. Er hatte sich beim Auftritt von Frank-Walter Steinmeier bei der Flutkatastrophe dazu hinreißen lassen, im Hintergrund (aber für die TV-Kameras gut sichtbar) herumzufeixen, während die Zahl der Toten noch unklar war. Somit deutete sich damals bereits an, dass eine künftige Bundesregierung von Scholz oder Baerbock und nicht von Armin Laschet geführt werden würde. Scholz hatte zwar den Cum-Ex-Skandal rund um die Hamburger Warburg Bank am Hals, doch der war in der Öffentlichkeit nicht vermittelbar – ein feixender Laschet aber sehr wohl.

In der TV-Sendung nach dem Triell analysierten die Experten munter vor sich hin – aber niemand wollte sich festlegen, wer nun das Rennen gemacht habe. Angst davor falsch zu liegen? Bereits vor dem Schlusswort der drei Kandidaten hatte ich mich auf Twitter öffentlich festgelegt:[78] Scholz wird das Rennen machen. Das Ergebnis von Forsa gut 40 Minuten später: Scholz 36 Prozent, Baerbock 30 Prozent und Laschet erwartungsgemäß weit abgeschlagen auf 25 Prozent. Nun entbrannte unter uns Fachleuten die Debatte, ob Baerbock die bessere Rhetorik hatte, oder nicht.

Jetzt müssen wir unterscheiden zwischen **guter Rhetorik** und **effektiver Rhetorik**, die ein klar definiertes Ziel verfolgt. Und genau an dieser Stelle verläuft die Grenze zwischen Baerbock und Scholz. Unter Experten für Körpersprache und Rhetorik mag man die Rhetorik von Baerbock professioneller, intelligenter, voltenreicher oder einfach nur als deutlich besser definieren. Und dafür gibt es seriöse Vorgehensweisen, bei deren Anwendung man genau zu diesem Ergebnis kommt. Aber das ist in Bezug auf eine Kanzlerkandidatur falsch.

Ich vergleiche Politiker gerne mit einem Waschmittel und behaupte, dass es dabei keine Unterschiede gibt.[79] Beide haben Produkteigenschaften. Sie haben Stammkunden und Laufkundschaft (Stammwähler und Wechselwähler). Und sie haben das Bestreben, den eigenen Marktanteil zu halten und weiter auszubauen. Zur Bewertung, wer von beiden nun die bessere Rhetorik angewandt hat, müssen wir uns das Ergebnis in Zahlen anschauen: Derjenige mit dem höheren Marktanteil (hier: Scholz mit 36 Prozent bei Forsa) hat offenbar die effektivere Rhetorik verwendet, denn Politik ist in erster Linie die Kommunikation von Inhalten und die Akzeptanz in einer möglichst breiten Masse. Und das Waschmittel, das die meisten Einheiten verkauft, hat offenbar die effektivere Reklame in der Zielgruppe. Ziel von Wahlen ist es, möglichst viel Marktanteil zu holen. Daran bemisst es sich auch, ob die Rhetorik für die Zielgruppe gut oder schlecht war. Es kann nicht das Ziel eines Politikers im Wahlkampf sein, einen Debattierwettbewerb in Schönheit und rhetorischer Brillanz zu bestreiten, sondern er muss die meisten Stimmen herankarren.

Das ist hier keine Aufforderung, Qualitätsstandards nicht einzuhalten oder gar auf Techniken von AfD oder Trumpisten zurückzugreifen. Es muss Grenzen geben. Aber Scholz

78 https://twitter.com/tom200prozent/status/1432070234635124742?s=20&t=1FV5llMoDNH0ta6mwLQ9Ew.

79 Auch, wenn einer meiner Studierenden nach einer Folie mit Persil (linke Hälfte) und Scholz (rechte Hälfte) spontan behauptete, es gäbe doch einen wesentlichen Unterschied: Bei dem rechten Motiv könne er besser einschlafen.

konnte mit seiner Rhetorik punkten – und wurde anschließend Kanzler. Was soll er demnach falsch gemacht haben? Eben.

Nun wirft man Scholz schon seit Jahren vor, dass er keine konkreten Aussagen formuliert, dass er sich in Schachtelsätzen verliert oder seine Aussagen sich ungefähr so anhören:

> *„Sie können sich darauf verlassen, dass die Regierung sich dieses Themas annehmen wird. Wir werden das zeitnah im Kabinett besprechen und dann auch eine Entscheidung treffen. Und diese Entscheidung wird eine gute sein. Das werden Sie dann sehen und auch nachvollziehen können. Da bin ich mir ganz sicher."*[80]

Der Vorteil für Scholz: Ähnlich wie bei Carmen Everts werden wir unsere gewünschten Gedanken dort hineinprojizieren und dann das für uns Passende gehört haben (wollen). Nun können Sie zu Recht kritisieren, dass man das ja merkt und die **Substanzlosigkeit** derartiger Statements für jedermann sichtbar ist. Aber ist das wirklich so? In diesem Augenblick beschäftigen Sie sich konzentriert mit Kommunikation. Tun Sie das auch, wenn dieses Statement zwischen Abendessen und *Kinderinsbettbringen* in der Tagesschau an Ihnen vorbeirauscht? Wenn Sie es auf dem Weg zur Arbeit im Auto im Radio hören und dabei gedanklich schon im Büro sind? Und vor allem: Wie nehmen die Massen derartige Worthülsen auf? Sie verschaffen uns einfach ein gutes Gefühl.

Überlegen Sie, in welcher Verfassung Deutschland Ende 2021 war. Zwei Jahre Pandemie voller gesellschaftlicher Einschränkungen. An der Macht war eine Kanzlerin, deren letzter Wahlkampf ernsthaft mit dem Satz „Sie kennen mich" bestritten und gewonnen wurde.[81] Mehr Angst vor Veränderung kann man nicht auf den Punkt bringen. Nun war klar: Die Kanzlerin geht – aber was kommt danach? Will Deutschland den Wechsel wirklich, oder wollen wir nur, dass sich möglichst wenig ändert?

Menschen haben Angst vor Veränderungen. Sie haben Angst vor der neuen Software, einer Umstrukturierung, neuen Aufgaben im Betrieb, dem Umzug in eine neue Stadt, neuen Nachbarn, fremden Kulturen – oder einfach nur vor dem neuen Arbeitsplatz, der jetzt am gegenüberliegenden Fenster sein wird und wo man von der anderen Seite ins Großraumbüro schaut.

Der sogenannte „Amtsbonus" kommt nicht von ungefähr in der Wählerbefragung. Er setzt sich zusammen aus der Präsenz, die man als Amtsträgerin zweifelsohne in der Öffentlichkeit und den Medien hat – ebenso jedoch aus der Sorge der Menschen, dass danach etwas kommen könnte, was man noch nicht so genau einschätzen kann.

80 Kein echtes Scholz-Zitat, Sie werden es jedoch von einem echten nicht unterscheiden können.

81 Der grüne baden-württembergische Ministerpräsident Winfried Kretschmann kopierte diesen Slogan auf seine Wahlplakate im Jahr 2021 – und gewann.

Die Süddeutsche Zeitung bemängelte einmal, dass Merkel keinen Nachfolger aufgebaut habe. Dann sprang die SZ gedanklich zum damaligen Kanzlerkandidaten Olaf Scholz und endete mit *„Aber vielleicht hat sie das ja auch gar nicht"* und spielte darauf an, dass Scholz nahtlos weitermerkeln könne. Und auch bei Scholz konnte man sagen: Wir kennen ihn. Somit war es für Scholz im Bundestagswahlkampf unumstößlich, dass er sich rhetorisch möglichst unkonkret äußert. Er scholzt, weil er merkeln möchte. So haben wir im Endeffekt durch die Politik genau das bekommen, was wir bei CDU/CSU nicht mehr bekommen konnten.

Eines allerdings muss man Scholz wirklich ankreiden: Man kann mit Scholzen eine Wahl gewinnen. Und wenn dies nicht meinen Qualitätsansprüchen an schöne, intellektuelle Kommunikation genügt, so muss ich doch anerkennen, dass es **effektiv** ist, um an die benötigte Stimmenmehrheit zu kommen. Aber man kann mit Scholzen kein Land führen, das – auf welche Art auch immer – in einen schweren Krieg mitten in Europa verwickelt ist. Man kann mit Scholzen weder durch eine Wirtschafts- noch Finanzkrise führen. Hier braucht es **klare Ansagen**. Keine Projektionsbegriffe und Projektionsrhetorik. Nur im absoluten Ausnahmefall.

Wer antwortet, führt!

7. Zeitenwende Reloaded

Für seine Regierungserklärung[82] anlässlich des russischen Überfalls auf die Ukraine am 24. Februar 2022 erntete Scholz viel Lob. Hier war allerdings vom klassischen Scholzen nur punktuell und geschickt eingebettet etwas vorhanden. Die Rede wurde für ihn zu einer starken Marke – an der er sich im Nachhinein aber auch kritisch messen lassen musste. Inzwischen gibt es sie – zusammen mit einer weiteren Zeitenwende-Variante (Europa-Rede vor der Karls-Universität in Prag)[83] auf 100% Recyclingpapier im beliebten quadratischen Format eines Instagram-Fotos, auf 52 Seiten von der Hamburger Werbeagentur Scholz&Friends liebevoll gestaltet und bebildert im Dokumenten-Fundus des Presse- und Informationsamtes der Bundesregierung. Kostenlos, schließlich arbeitet der Kanzler für uns. Schauen wir sie uns genauer an:

> *„Der 24. Februar 2022 markiert eine Zeitenwende in der Geschichte unseres Kontinents. Mit dem Überfall auf die Ukraine hat der russische Präsident Putin kaltblütig einen Angriffskrieg vom Zaun gebrochen – aus einem einzigen Grund: Die Freiheit der Ukrainerinnen und Ukrainer stellt sein eigenes Unterdrückungsregime infrage. Das ist menschenverachtend. Das ist völkerrechtswidrig. Das ist durch nichts und niemanden zu rechtfertigen. Die schrecklichen Bilder aus Kiew, Charkiw, Odessa und Mariupol zeigen die ganze Skrupellosigkeit Putins. Die himmelschreiende Ungerechtigkeit, der Schmerz der Ukrainerinnen und Ukrainer, sie gehen uns allen sehr nahe."*

Diese Eröffnung lässt **keinen Spielraum für Interpretationen**. Hier ist keine Formulierung unklar, nicht die kleinste rhetorische Fuge hat noch Spielraum. Mit dieser Eröffnung macht der Kanzler unmissverständlich deutlich, was uns in den nächsten Minuten seiner Rede erwartet. Im direkten Anschluss übernimmt er jetzt eine **sehr emotionale und wirkungsvolle Projektionsformulierung**:

> *„Ich weiß genau, welche Fragen sich die Bürgerinnen und Bürger in diesen Tagen abends am Küchentisch stellen, welche Sorgen sie umtreiben angesichts der furchtbaren Nachrichten aus dem Krieg."*

Strenggenommen ist dieser Satz inhaltlich falsch, denn der Kanzler kann nicht wissen, wie bei Ihnen und mir zuhause darüber gedacht und diskutiert wurde. Sind wir aber realistisch, dann trifft dieser Satz einhundertprozentig zu. Wir projizieren unsere Gedanken auf das, was der Kanzler vorgibt zu wissen.

> *„(...) Wir erleben eine Zeitenwende. Und das bedeutet: Die Welt danach ist nicht mehr dieselbe wie die Welt davor."*

82 27.2.2022.
83 29.8.2022.

Die Wiederholung stärkt die Durchsetzungskraft der Kernbotschaft. Die Rede ist dort nur wenige Sekunden alt und wir erkennen am Begriff „Zeitenwende" den roten Faden. Scholz tritt schließlich nicht ans Rednerpult und kündigt an: „Ich halte nun die Rede, die Zeitenwende-Rede heißt". Das müssen seine Redenschreiber/innen schon so herausarbeiten, dass Medien und Öffentlichkeit bereits von selbst darauf kommen, dieser Ansprache den Namen „Zeitenwende-Rede" zu geben.

Im Zweifel könnte sein Stab den Spin im Vorfeld setzen, indem man den Journalisten zuvor durchsickern lässt, dass der Kanzler sich des Themas der Zeitenwende ausführlich widmen wird. Dann braucht der Begriff anschließend nur im gesprochenen Wort zu fallen – fertig.

Der Satz: „Die Welt danach ist nicht mehr dieselbe wie davor" ist wiederum eine komplette Projektionsformulierung. Dass die Welt nach einem Krieg in Europa anders aussehen wird, gilt, unabhängig vom Kriegsverlauf, als gesichert. Spätestens seit dem 1. Weltkrieg sollten wir das wissen.

Diese Aussage funktioniert folglich in alle Richtungen. Während der Corona-Pandemie hat uns die Politik immer wieder mit der Aussage „Wir brauchen eine **neue Normalität**" konfrontiert, was letztlich bedeutet: Nichts wird mehr sein, wie es einmal war. Nur klingt es für die Bevölkerung und Medien entspannter, wenn die Politik von einer „neuen Normalität" spricht als davon „Wir stellen Ihr Leben komplett auf den Kopf". Scholz schwört uns indirekt auf Einschränkungen im Lebensalltag ein. Selbst, wenn er es nicht explizit sagt, hätte er im Nachhinein einen **Referenzpunkt** gesetzt, auf den er sich berufen kann. Hier dient die Projektionsfläche für seine Belange. Was immer später auch kommen mag – er kann immer auf diese Rede verweisen und sagen: „Ich habe damals schon gesagt, dass die Welt nicht mehr dieselbe sein wird. Und das ist ein weiterer Beweis dafür". Es ist nicht falsch, was er dort macht. Im Gegenteil. Auf diese Art sichert man sich öffentlich für eine längeren Zeitraum kommunikativ ab. Im weiteren Verlauf nennt er Putin konkret einen Kriegstreiber, dem man Grenzen aufzeigen müsse. Wie er das erreichen möchte – das lässt er **offen**. Politik muss sich in solchen Situationen Variablen offenhalten. Es gibt selten dynamischere Nachrichtenlagen als einen Krieg. Minütlich kann das, was soeben noch richtig und plausibel war, absolut falsch und unsinnig sein. Der Öffentlichkeit wären derartige schnelle Wechsel kaum zu vermitteln. Niemand in der Öffentlichkeit nimmt sich die Zeit – geschweige denn, dass er die Möglichkeiten dazu hat – die ganzen umfangreichen Briefings zu lesen und entsprechend zu interpretieren. Folglich kann man derartige Stellen in einer solchen Rede wiederum durchaus als **Projektionsformulierungen** oder **Projektionsabschnitt** bezeichnen. Wir glauben etwas Konkretes zu hören, von dem wir meinen, dass der Kanzler es ganz bestimmt gesagt habe.

Nebenbei: Scholz ist Jurist. Er weiß also ganz genau, wie Interpretation neutraler Texte funktioniert und welche Chancen sich ihm dadurch erschließen.

In den nachfolgenden Monaten wird vor allem das Thema Waffenlieferungen und Panzer die Bundesregierung öffentlich beschäftigen, doch vorerst blamierte sich seine Erst-Verteidigungsministerin Lambrecht mit 5.000 Spenden-Helmen für die Ukraine in den letzten Tagen vor Kriegsbeginn, dem von ihr in einem Bundeswehrhubschrauber geschossenen Foto ihres Sohnes, der kompletten Unkenntnis militärischen Gerätes, der Feststellung, dass sie keine Dienstgrade lernen müsse als Zivilistin und natürlich dem legendären Silvestervideo.

Erinnern Sie sich noch an die klare Aussage: *„Wir liefern keine Waffen in Krisengebiete"*? Das klingt sehr konkret und messbar. Das bedeutet: Die Bundesbürgerinnen und Bundesbürger verstehen darunter: *„Keine Waffen in Krisengebiete."* Und Putin versteht darunter: *„Keine Waffen in die Ukraine"*. Jedem Krieg geht eine betriebswirtschaftliche Analyse voraus: Wie viele Soldaten habe ich, welche Waffen stehen zur Verfügung, wieviel Munition brauche ich und vor allem: Werden meine Verluste niedriger sein als die des Gegners – und: Werde ich am Ende meine Ziele erreicht haben und mit welcher Wahrscheinlichkeit. Die klare Aussage: *„Wir liefern keine Waffen in Krisengebiete"* führt jedoch unter Umständen beim Aggressor dazu, dass er seine Bilanz optimistisch abschließt: Wenn der Westen folglich keine Waffen liefert, komme ich mit meinem Material und Personal in ein paar Tagen gut hin.

Ich selbst bin ebenfalls wie viele andere zunächst davon ausgegangen, dass die Ukraine nach gut einer Woche von den Russen besetzt sein würde – schließlich hatte ich die Annexion der Krim noch gut im Gedächtnis. Während ich diese Zeilen schreibe, ist der Krieg bereits ein gutes Jahr alt und ein Ende noch nicht abzusehen. Der Krieg in der Ukraine bedeutet insbesondere für die pazifistisch geprägten Bündnis90/Die Grünen eine Zerreißprobe. Zum zweiten Mal sind sie in einer Bundesregierung – und zum zweiten Mal haben sie in Europa einen Krieg am Hals.[84]

Wissend um die Zerreißprobe, die die Grünen damals aushalten mussten und in der sogar der damalige Grünen-Außenminister Joschka Fischer auf einem Parteitag der Grünen einen Farbbeutel an den Kopf geworfen bekam,[85] wissen erfahrene Parteistrategen wie Anton Hofreiter um den enormen Widerspruch dieser Aussage angesichts der Forderungen einer grünen Außenministerin Annalena Baerbock nach Panzerlieferungen in die Ukraine. Auch Hofreiter spricht sich öffentlich für die Lieferung schwerer Waffen aus und muss den Widerspruch in seiner Partei zwischen Theorie und Praxis erläutern, denn ein „Krisengebiet" ist die Ukraine angesichts der Kriegsführung der Russen zu diesem Zeitpunkt unbestritten. Auf die Frage:

---

84 NATO-Staaten bombardierten Ziele in Jugoslawien, Bundeskanzler Gerhard Schröder (SPD) in seiner Regierungserklärung: *„An dem Einsatz der NATO sind auch Soldaten der Bundeswehr beteiligt. So haben es Bundesregierung und der Deutsche Bundestag beschlossen"*, 24.3.1999.

85 Bielefeld am 11.5.1999.

„Keine Waffen und Rüstungsgüter in Kriegsgebiete! *Das ist eine klare Ansage aus dem Wahlkampf der Grünen ohne Interpretationsspielraum! Die Ampel tut das Gegenteil! Sie sehen darin keinen Wahlbetrug?"*

antwortet Grünen-Urgestein Anton Hofreiter, Vorsitzender des Ausschusses für die Angelegenheiten der Europäischen Union im Deutschen Bundestag:

> *„‚Wir liefern keine Waffen in Kriegsgebiete' ist in sehr vielen Konflikten sehr sinnvoll. Dies gilt vor allem dann, wenn es sich um Bürgerkriege handelt, in denen nicht klar definiert ist, welche Seite aus der Sicht eines freien, demokratischen, die Menschenrechte achtenden Landes die richtige ist. An dieser Einstellung ist auch nichts falsch geworden. Allerdings muss man differenzieren, um welche Art von Krieg es sich handelt. Wir stehen in der Ukraine offensichtlich vor einer völlig anderen Situation, wenn eine Diktatur eine Demokratie angreift, bei der ein Aggressor Kriegsverbrechen verübt. Nach Expert*innengesprächen bin ich der festen Überzeugung, dass eine Stärkung der Ukraine, auch durch Waffenlieferungen am Ende Schlimmeres verhindert."*[86]

Mit dieser Interpretation bringt Hofreiter wieder **Glaubwürdigkeit** in die Debatte. Das wird die sognannten Fundis der Grünen nicht zwingend zufriedenstellen, jedoch in der Öffentlichkeit gut funktionieren. Dass ein grüner Wirtschaftsminister, der lieber Finanzminister geworden wäre, nun in arabische Länder reisen musste, um für die Deutschen Energie einzukaufen – auch das wäre bis zum 23. Februar 2022[87] undenkbar gewesen. Die Grünen kommen mit dem Widerspruch zwischen Anspruch und Wirklichkeit erstaunlich gut klar. Nicht zuletzt jedoch auch wegen der Erkenntnis, dass es ohne Baerbock und Habeck vorerst nicht gehen wird in der Bundespolitik.

Während diese Zeilen entstehen, lässt in einem weiteren Widerspruch der Grünen die grüne Vize-Ministerpräsidentin und Klimaschutz-Ministerin von NRW, Mona Neubaur, das Braunkohledorf Lützerath räumen, damit die Braunkohlebagger der RWE besser vorankommen. Solche Politikwechsel, die häufig auch der Wechsel von Fundamentalpolitik zu Realpolitik sind, lassen sich für Wahlklientel schlecht in 280 Twitterzeichen zusammenfassen und überzeugend verargumentieren. Das muss Politik aushalten können. Aber genau deshalb ist es wichtig, dass Politik sich in der Kommunikation die ein oder andere Hintertür offenhält. Und für die Stellen, wo es dann Überhand nimmt, haben wir schließlich kritische und freie Medien, die sich der Angelegenheit annehmen können.

86 Anton Hofreiter schriftlich gegenüber *Abgeordnetenwatch* am 5.1.2023, Genderformulierung aus dem Original übernommen.

87 Ein Tag vor Kriegsbeginn in der Ukraine.

Im Jahr 2022 sendete das ZDF-Magazin frontal[88] eine Dokumentation, die sich mit der NATO-Osterweiterung rund um die Vereinbarungen der Deutschen Einheit beschäftigt. Darin heißt es unter anderem:

> [Off-Sprecher:] *Zu Besuch bei US-Außenminister James Baker*[89] *macht Genscher*[90] *ein weitreichendes Zugeständnis.* [O-Ton Genscher, Baker steht neben ihm:] *„Wir waren uns einig, dass nicht die Absicht besteht, das NATO-Verteidigungsgebiet auszudehnen nach Osten. Das gilt übrigens nicht nur in Bezug auf die DDR, die wir dann nicht einverleiben wollen, sondern es gilt ganz generell."*[91] [Off-Sprecher:] *Fakt aber ist: Vertraglich fixiert wurde dieser Genscher-Vorschlag nie.* [O-Ton Marie-Agnes Strack-Zimmermann:[92]] *„Vermutlich wollte er sagen, dass Deutschland nicht pro-aktiv auf diese Länder zugeht und sagt ‚jetzt kommt mal in die NATO'. Das war auch gar nicht erforderlich. Diese Länder haben von sich aus angeklopft."*

Hier sorgt ebenfalls ein Partei-Urgestein[93] für die Interpretation einer historischen Aussage und politischen Haltung mit Blick auf die Gegenwart und Zukunft, für die inzwischen ein etwas anderes politisches Wertesystem gelten. Man kann Scholz durchaus zugutehalten, dass er mit dem Begriff der „Zeitenwende" zum einen sehr konkret wirkt – für künftige Interpretationen aber deutlich mehr Spielraum lässt als die Grünen in Bezug auf Waffenlieferungen und die FDP in Bezug auf die NATO-Osterweiterung. Man sagt Scholz nach, dass er selten konkret wird? Er hat daraus für sich und seine Kommunikation eine Stärke gemacht. Gehen wir zurück in die Zeitenwende-Rede:

> *„Ja, wir wollen und wir werden unsere Freiheit, unsere Demokratie und unseren Wohlstand sichern."*

Dieser Satz lässt reichlich Spielraum für Interpretationen, weil er nicht im Ansatz (auch in den hier weggekürzten Passagen nicht) erkennen lässt, wie die Bundesregierung diese Sicherung vornehmen wird. Das mag drei Tage nach Kriegsausbruch nicht unbedingt schon feststehen – aber der Krieg Russlands gegen die Ukraine hatte nach der Annexion der Krim immerhin acht Jahre Vorlauf- und Vorbereitungszeit. Spätestens nachdem man für angebliche Manöver in Grenznähe reichlich Blutkonserven bereitstellte, war nicht

88 Vermutlich im März 2022, genaues Datum nicht bekannt. Ich versichere: Das Video liegt mir als Mitschnitt vor.

89 Außenminister unter George Bush sen. und Teilnehmer der sogenannten Zwei-plus-Vier-Verhandlungen sowie klarer Befürworter der Deutschen Einheit.

90 Hans-Dietrich Genscher (FDP), Außenminister 1974-1992 (zunächst unter Willy Brandt/Helmut Schmidt, beide SPD), dann unter Helmut Kohl (CDU). Er gilt neben Kohl als einer der „Väter der Deutschen Einheit".

91 Neun Jahre später traten Polen, Tschechien und Ungarn als erste Ostländer der NATO bei.

92 Vorsitzende des Verteidigungsausschusses des Deutschen Bundestags und FDP-Mitglied.

93 FDP-Mitglied seit 1990. Also gewissermaßen „Mauerfall + 1".

mehr eine Frage, ob der Krieg beginnt, sondern wann, denn bei einem Manöver fallen nicht so viele Verletzte an, die Blutkonserven benötigen würden. Es folgen beschreibende Elemente zu seiner Rede zum Sicherheitsrat, dem Veto Russlands und ein Dank an seine Außenministerin.

Der Kanzler spricht über Sanktionen, die NATO-Bündnisverpflichtung und darüber, dass Deutschland internationalen Anforderungen des Westens nachkommen werde. Etwas unscharf kündigt er fünf Handlungsaufträge an, die sich im weiteren Verlauf seiner Rede zu Herausforderungen oder einem „Punkt" wandeln. Hier wäre es besser gewesen, einen Begriff zu wählen und diesen zu wiederholen. In der Auswahl zwischen Handlungsaufträgen, Herausforderungen und Punkten entscheide ich mich für Handlungsaufträge. Das ist konkreter und bei „Herausforderungen" in einer CEO-Rede hört kaum noch jemand zu, weil alle stets von „Herausforderungen" und nicht „kritischen Situationen" oder gar „Problemen" sprechen. Das muss mittelfristig in der PR-Sprache konkreter werden. Der Drops ist inzwischen zu rundgelutscht.

Dann kommt Scholz wieder zur Zeitenwende zurück:

> *„Angesichts der Zeitenwende, die Putins Aggression bedeutet, lautet unser Maßstab: Was für die Sicherung des Friedens in Europa gebraucht wird, das wird getan. Deutschland wird dazu seinen solidarischen Beitrag leisten."*

Es ist eine klassische Ankündigungspolitik, die Scholz hier betreibt. Das hält Verbündete bei der Stange, man macht sich gut zitierbar und wer halbwegs in der Lage ist, die Nachrichtenlage zu verfolgen, der bekommt einen Vorgeschmack, was auf uns zukommen könnte. Aber auch hier haben wir vom Kanzler reichlich Platz bekommen, um unsere Gedanken, Wünsche und vermuteten Handlungsoptionen in seinen Text hineinzuprojizieren.

> *„Deutschland wird dazu seinen solidarischen Beitrag leisten."*

Was ist ein „solidarischer Beitrag"? Fragt man Experten in den entsprechenden Ministerien, bekommt man die unterschiedlichsten und zuweilen auch kontroversen Interpretationen zu hören. Ebenso bei den beliebten Formulierungen: *„Wir drücken der Regierung in Sowieso unsere vollste Solidarität aus und stehen fest an ihrer Seite"* – Das stärkt ein wenig innenpolitisch die Regierung – sofern man sich dort in der Bevölkerung für die Haltung der Deutschen überhaupt interessiert angesichts der Spannungen im eigenen Land – kostet aber noch kein Geld. Ich bezeichne das in der Regel als „steuergeldfreundliche Verbalsolidarität". Sie erkennen: Mir erschließt sich nicht alles in der diplomatischen Kommunikation. Das ist für mich so, als würden wir bei Kriegsbeginn im Internet digitale Kerzen anzünden und damit unsere Aktionsbereitschaft und Einstellung abschließend zum Ausdruck bringen.

In dem Augenblick, wo ich diese Zeilen schreibe, wurden von der Bundesregierung ein Patriot-Abwehrsystem aus Bundeswehrbeständen und Panzerfahrzeuge vom Typ „Marder" zugesagt, ebenso der Leopard 2. Das könnte mit „solidarischem Beitrag" gemeint gewesen sein. Das würde allerdings auch für eine öffentliche Erklärung *„Wir stehen fest an der Seite der Menschen in der Ukraine. Unser Mitgefühl gilt allen Betroffenen"* als reinste Form der steuergeldneutralen Verbalsolidarität funktionieren. Gewissermaßen Betroffenheit als solidarischer Beitrag. Wohlgemerkt: Einer der ersten solidarischen Beiträge – abgesehen von dem Mittragen internationaler Sanktionen – waren Helme aus Bundeswehrbeständen. Und es schien eine ganze Weile, als wäre es das gewesen.

> *„Die Zeitenwende trifft nicht nur unser Land; sie trifft ganz Europa. Und auch darin stecken Herausforderung und Chance zugleich. Die Herausforderung besteht darin, die Souveränität der Europäischen Union nachhaltig und dauerhaft zu stärken. Die Chance liegt darin, dass wir die Geschlossenheit wahren, die wir in den letzten Tagen unter Beweis (…) [gestellt haben, Anm.]."*

Spätestens hier wird deutlich: Die Zeitenwende ist etwas, was uns auferlegt wird. Nicht etwas, das die Bundesregierung einleiten wird. Die Regierung ist Gegenstand der Zeitenwende. Scholz benutzt sie dazu, uns auf Gemeinsamkeit einzuschwören. Grenzen gedanklich zu überwinden und nimmt die ersten politischen Entscheidungen Europas in Bezug auf die Sanktionen gegen Russland als Begründung dafür.

> *„Was von einem breiten gesellschaftlichen und politischen Konsens getragen wird, das hat Bestand, auch in dieser Zeitenwende und darüber hinaus. (…) ich danke allen, die in diesen Zeiten mit uns einstehen für ein freies und offenes, gerechtes und friedliches Europa. Wir werden es verteidigen."*

Es ist das fünfte Mal, dass Scholz in seiner Rede den Begriff der Zeitenwende bemüht. In der Rhetorik gilt die Faustregel: Wenn du willst, dass etwas verstanden wird, musst du es 5 x erwähnen. Das gilt natürlich nicht für den Fernseh-Originalton aus einem Interview, der in 14 Sekunden der Tagesschau läuft – aber für eine große politische Rede oder die Jahreshauptversammlung, Jahrespressekonferenz oder einen wichtigen Vortrag auf einer Fachmesse kann man das durchaus mal so anpacken. Es kann Zufall sein – oder auch nicht. Wirkungsvoll ist es allemal.

Mit der Kombination aus 5 x Zeitenwende und 1 x dem Satz: „Wir werden es verteidigen", legt Scholz die Messlatte fest: Wir werden liefern müssen. Politisch wie in militärischer Hardware. Die zaudernde Haltung der Deutschen im Anschluss kann man nur darauf zurückführen, dass Scholz mit Blick auf seine eigene Klientel davor erschreckt ist, was er dort Konkretes angekündigt hat – oder, dass er über Informationen verfügte, die uns in der Öffentlichkeit verborgen blieben und er deshalb diesen dümpelnden Schlingerkurs fahren musste.

Zumindest die Zeitenwende-Rede wurde in den Medien allgemein als bahnbrechend, wegweisend wahrgenommen. Dabei handelt es sich meiner Ansicht nach um eine solide und effektiv getrimmte politische Ansprache, wie man sie in einer Regierungserklärung zu einer derartigen Krisensituation durchaus erwarten kann.

Niemand in den Medien hätte sich derartig begeistert gezeigt, wäre eine solche Ansprache von einem Kaliber wie Merz, Söder, Lindner, Kubicki, Strack-Zimmermann, Wagenknecht[94], Steinbrück oder Gabriel gehalten worden. Von denen sind wir klare Ansagen gewohnt – ob wir sie nun politisch teilen mögen, oder nicht. Bei Olaf Scholz wirkt eine klare, direkte Sprache schon wie eine Offenbarung des neuen Testaments oder zumindest der Augenblick, in dem Moses mit seinen Tafeln vom Berg hinabsteigt.

Man muss bei der Bewertung von Kommunikation auch darüber sprechen, wo der jeweilige Redner herkommt, was wir gewohnt sind, von ihm sonst zu bekommen – und was wir von ihm meinen, erwarten zu können. Hier hat Scholz positiv überrascht und tatsächlich das suggeriert, von dem er zuvor gesprochen hatte: „Wer bei mir Führung bestellt – der bekommt sie auch."

Historiker werden diese Rede mit dem späteren Handeln der Bundesregierung in Verbindung bringen und ganz genau abgleichen müssen – und dann auch in Ruhe zu analysieren haben. Hier muss es auf die Schnelle gehen – inmitten einer sehr dynamischen Phase europäischer Politik. Es gibt keine dynamischere Zeit als die einen Krieges. Nachdem wir nun zwei Jahre lang 83 Millionen Virologen waren, anschließend für wenige Tage 83 Millionen Bundestrainer, muss sich die Regierung nun mit 83 Millionen Militärexperten herumschlagen – das macht eine langfristige Strategie, in der jeder Millimeter Bewegung oder Nicht-Bewegung medial mit großer Aufmerksamkeit und Vehemenz begutachtet wird,[95] nicht unbedingt leicht.

Was bei der Zeitenwende-Berichterstattung so gut wie überhaupt nicht in den Medien kommentiert wurde, sind die Begriffe, die Scholz nicht ein einziges Mal in seine erste Zeitenwenden-Rede aufgenommen hat: Washington, Biden, USA, Amerika, transatlantisch – sie alle fehlen in seiner Regierungserklärung. Der Ukraine-Krieg – für die Bundesregierung zum damaligen Zeitpunkt eine rein europäische Angelegenheit?

Das holt der Kanzler ein halbes Jahr später in einer zweiten Zeitenwende-Rede vor Studierenden der Karls-Universität in Prag[96] nach. Zeitenwende (6x), Biden (2x), amerikanisch (2x – zzgl. 1x in Bezug auf Lateinamerika), USA (2x) sowie transatlantisch (5x) vor allem in Kombination mit „Partner" und „Schulterschluss". Abgesehen davon, dass zwischen diesen beiden Reden auch sechs Monate sehr intensiver internationaler Politik lie-

94 Hier würde der politische Inhalt der Rede zu Wagenknechts Position nicht passen – wohl aber der Klartext-Faktor.

95 Ich nehme mich ausdrücklich nicht davon aus.

96 Rede vom 29.8.2022.

gen, scheint Scholz bei dieser Rede in einer gereiften Zeitenwende-Rhetorik angekommen[97].

Beide Reden verfügen meiner Ansicht nach über eine gesunde Mischung aus **konkreten Aussagen** und **Projektionselementen**, in denen das Publikum sich mit eigenen Werten wiederfinden kann – und die für Scholz im Nachhinein unterschiedlich interpretierbar bleiben, je nach Entwicklung seiner Politik.

Mit der Zeitenwende-Rede schaffte es Scholz auf den ersten Platz 2022 bei der Suche der Gesellschaft für Deutsche Sprache[98] nach dem Wort des Jahres[99]. *Zeitenwende* ist damit unter anderem in der Gesellschaft von *Politikverdrossenheit* (1992), *Reformstau* (1997), *Teuro* (2002) sowie *Fanmeile* (2006) oder *Corona-Pandemie* (2020). In dem Jahr, als die Gesellschaft für Deutsche Sprache *Jamaika-Aus* zum Wort des Jahres kürte, benutzte Olaf Scholz den Begriff der Zeitenwende zum ersten Mal in einer auf Breite angelegten Öffentlichkeit. In seinem Buch Hoffnungsland[100] fünf Jahre zuvor taucht der Begriff 4x auf. Allerdings ausschließlich im Vorwort.[101] Der Kontext, in dem Scholz den Begriff verwendet, ist geringfügig anders. 2017, dem Erscheinungsjahr der Erstausgabe,[102] ist kurz nach dem Rechtsruck der AfD[103] und jener Zeit, in der Flüchtlinge die Nachrichtenlage bestimmten in Deutschland entstanden. Scholz schreibt dort:

> *„Die Welt erlebt gerade eine Zeitenwende. Aus dem Nahen und Mittleren Osten flüchten die Menschen in das ziemlich sichere Europa, aus Afrika machen sich Migrantinnen und Migranten auf der Suche nach einem besseren Leben in Richtung Norden auf. (...)"*[104]

Hier ist die Zeitenwende klar definiert als eine Entwicklung der Migrationsbewegung nach Europa. Und es ist keine Ära, die von ihm aktiv gesteuert wird.

> *„Eine Zeitenwende zeichnet sich durch zwei Charakteristika aus: Politische Gewissheiten verblassen, und die Politik ist mit den täglichen Reaktionen auf die Veränderungen so beschäftigt, dass ihr kaum Zeit bleibt, den Kopf zu heben und das große Ganze in den Blick zu nehmen. (...)"*

97 Nachzulesen ist das Manuskript unter https://www.bundesregierung.de/breg-de/suche/rede-von-bundeskanzler-scholz-an-der-karls-universitaet-am-29-august-2022-in-prag-2079534.

98 Ein 1947 gegründeter Verein, der hauptsächlich von der Kultusministerkonferenz und dem Kulturstaatsminister finanziert wird.

99 Wird seit 1971 vergeben. Seit 1991 wird dort auch das *Unwort des Jahres* als Negativpreis vergeben.

100 *Scholz*, Hoffnungsland – eine neue deutsche Wirklichkeit, 2017.

101 Vier Treffer bei elektronischer Volltextsuche im E-Reader.

102 Scholz war damals noch Regierender Bürgermeister von Hamburg, wurde ein Jahr später unter Angela Merkel (CDU) Finanzminister.

103 Dieser erfolgte 2015 bei dem Essener Parteitag und der Abwahl Bernd Luckes.

104 Alle Zitate aus seinem Buch nach der eBook-Ausgabe.

Wir halten fest: Für Olaf Scholz ist die Zeitenwende hier eine Entwicklung, der die Politik ausgesetzt ist. Eine Entwicklung, in der für die Politik „kaum Zeit bleibt, den Kopf zu heben". Im Gegensatz zu seiner Zeitenwende-Rede exakt fünf Jahre später, in der er diesen Begriff als aktive Handlung von Politik beschreibt.

> *„Ich möchte nicht warten, bis sich unser Schicksal entschieden hat, sondern lege dieses Buch jetzt mitten in der Zeitenwende vor. Denn ich bin überzeugt, dass wir es in der Hand haben, die laufenden Veränderungen zu beeinflussen, wenn wir jetzt die richtigen Schlüsse ziehen und die zentralen Entscheidungen treffen. (...)"*

Hier wird die Zeitenwende aktiver für die politisch Handelnden. Diese Haltung spiegelt auch seine neue Zeitenwende 2022 wider.

> *„Mit zunehmendem Missvergnügen nehmen viele Deutsche eine wachsende Ungleichheit im Land wahr, woran auch der hohe Beschäftigungsstand nichts zu ändern vermag. Auch insoweit stecken wir in einer Zeitenwende, die heute schon von der Globalisierung und bald auch von der Digitalisierung vorangetrieben wird. (...)"*

Es sind folglich Globalisierung und Digitalisierung, die die Zeitenwende vorantreiben. Mit einem Krieg in Europa kann man diese Interpretation nicht vergleichen. Als Scholz die Zeitenwende in seiner Regierungserklärung wiederbelebt, ist sie bereits fünf Jahre auf dem Markt. By the way: „Missvergnügen" – ist das ein Begriff, den Sie in Ihrem aktiven Wortschatz nutzen?

Wenige Tage nach Kriegsbeginn in der Ukraine bekommt die Zeitenwende von Olaf Scholz eine neue Seele eingehaucht. Sie wirkt nun in einem anderen Kontext konkret – und dennoch als **Projektionsvokabel** mit enormer Akzeptanz bei der Zuhörerschaft und mit enormer Bandbreite bei den Interpretationsmöglichkeiten. Eine solche inhaltliche Flexibilität ist meiner festen Überzeugung nach für eine politische Rede unabdingbar. Eine politische Haltung kann heute absolut korrekt und nachvollziehbar sein und sich morgen schon in Luft auflösen und ins komplette Gegenteil verwandeln. Denken Sie nur an die pazifistische Partei Bündnis90/Die Grünen, die 2021 zum zweiten Mal Teil einer Bundesregierung ist, zum zweiten Mal das Außenministerium innehat – und zum zweiten Mal einen Krieg[105] in Europa am Hals hat.

Die Zeitenwende hat es nach fünf Jahren tristem Buchvorwort-Dasein auf die Bühne internationaler Politik geschafft. Andrij Melnyk, stellvertretender Außenminister der Ukraine und ehemaliger Botschafter der Ukraine in Deutschland, verpflichtet gewisser-

105 Am 24.3.1999 begannen 19 NATO-Mitgliedsstaaten unter dem Operationsnamen „Operation Allied Force", Ziele in der damaligen Bundesrepublik Jugoslawien zu bombardieren. Außenminister war Joschka Fischer (GRÜNE). Bundeskanzler war Gerhard Schröder (SPD).

maßen den erst seit wenigen Tagen im Amt befindlichen Verteidigungsminister Boris Pistorius (SPD) auf die Rede von Olaf Scholz:

> *„Wir hoffen, dass Boris Pistorius die Zeitenwende wirklich umsetzen kann.“*[106]

Und unmittelbar danach framt er den Begriff mit einer gewünschten Panzerlieferung an die Ukraine. Aber auch der neue deutsche Verteidigungsminister wiederholt das Wort des Jahres, das sein Chef in die Welt gesetzt hat:

> *„Ich brauche jeden Einzelnen. Ich brauche die Unterstützung aller. Und ich werde sie auch einfordern“, sagte Pistorius und mahnte: „Der größte Teil der Zeitenwende liegt noch vor uns.“*[107]

Damit ist deutlich geworden: Die Mitglieder der Bundesregierung arbeiten nun an der Zeitenwende. In diesem Zusammenhang lassen sich zahlreiche Maßnahmen und Entscheidungen gut begründen. Es entsteht ein **klassischer Frame**, in dem man das Narrativ entsprechend bestimmen kann.

Sie kennen diesen Effekt bereits aus der Corona-Pandemie. Zu Beginn der Pandemie, als sich unser aller Leben an vielen Stellen komplett auf den Kopf gestellt hat, sagte man uns, es gäbe eine „Neue Normalität“. Damit war alles Neue bereits als normal geframt. Das Original-Zitat, das in zahlreichen Medienkommentaren als „Wir brauchen eine neue Normalität“ weiterverbreitet wurde, lautet im Original übrigens:

> *„Wir bewegen uns in eine neue Normalität – eine Normalität, die nicht kurz sein wird, sondern die längere Zeit anhalten wird.“*[108]

Es ist ein wenig spröde, ohne die redaktionelle Verkürzung und sprachliche Frischzellenkur durch die Medien in „Wir brauchen eine neue Normalität“. Es stammt schließlich von einem damaligen Mitglied der Bundesregierung, dem Vizekanzler und Finanzminister: Olaf Scholz.

---

106 In einer Sendung vom Januar mit Sandra Maischberger (ZDF).

107 Zitiert nach t-online.de vom 19.1.2023 mit Material von AFP und dpa.

108 Zitiert nach Presse- und Informationsamt der Bundesregierung vom 20.4.2020, Beschlüsse von Bund und Ländern zur Corona-Pandemie.

8. Von Anaphern und Epiphern

Anapher und Epipher gelten als literarische Techniken, die in der Rhetorik verwendet werden, um eine Rede oder einen Text zu strukturieren und zu betonen. In der Rede folgt auf eine Abfolge von Anaphern oder Epiphern oftmals eine Applauspause, bei längeren Interviews macht man auf diese Art und Weise besonders herausragende Passagen für Journalistinnen und Journalisten besser erkennbar. Ich empfehle meinen Coachees stets, das klassische: *„Da gibt es drei wichtige Punkte. Erstens… Zweitens… und Drittens…"* durch eine Anapher beziehungsweise Epipher zu ersetzen. Man ist konzentrierter, wirkmächtiger und vor allem flexibler, wenn einem beim Sprechen noch ein kluges Argument einfällt, beziehungsweise der Faden auch schon mal reißt. Es ist nicht schön – wenn auch höchst unterhaltsam für das Publikum – wenn man drei gute Argumente ankündigt und dann nach dem Ende des zweiten Argumentes plötzlich die Leere sichtbar (und vor allem hörbar!) wird.

Gehen wir es strukturiert an.

Eine **Anapher** ist eine **Wiederholung** eines bestimmten Wortes oder einer Phrase am **Anfang** jedes Absatzes oder jeder neuen Sinneinheit einer Rede. Durch die Wiederholung wird das Thema oder die Idee betont und bleibt dem Publikum länger im Gedächtnis. Eine **Epipher** hingegen ist eine **Wiederholung** eines bestimmten Wortes oder einer Phrase am **Ende** jedes Absatzes oder jeder Sinneinheit. Diese Wiederholung trägt ebenfalls dazu bei, das Thema oder die Idee zu betonen und sorgt dafür, dass es dem Publikum länger im Gedächtnis bleibt.

Im Coaching mache ich die Beobachtung, dass Anapher wie Epipher bei der konkreten Umsetzung der Kommunikationsziele die Arbeit erleichtern. Wir meinen zwar stets, dass Zahlen uns Sicherheit verschaffen und für mehr Glaubwürdigkeit sorgen – aber hier hilft uns die **Einprägsamkeit der Worte**, eine flexible Struktur zu nutzen und die wichtigen Punkte einprägsam unter das Volk zu bekommen.

Praxistipp

Kompakt: *Die Anapher legt den Fokus auf den Anfang eines Absatzes oder einer Strophe, während die Epipher die Wirksamkeit am Ende des Satzes, der Sinneinheit entfaltet. Beide Techniken tragen dazu bei, die Aufmerksamkeit des Publikums zu erhöhen und die Wichtigkeit des Themas oder der Idee zu betonen. Und: Wir können beide miteinander sehr wirkmächtig vergleichen.*

8.1 Die Anapher

Schauen wir uns ein paar Beispiele an, die zuweilen als Anapher (oder Epipher) erst auf den zweiten Blick erkennbar sind – und solche, die wir sofort erkennen. Ich gebe mal einen fiktiven Text vor. Am Rednerpult steht eine Gewerkschafterin, vor ihrer Bühne steht eine aufgebrachte Belegschaft mit den üblichen Insignien des Protestes: Fahnen, Leibchen, Trillerpfeifen.

> *„Wir sind heute hier zusammengekommen, um dafür zu sorgen, dass es nicht andere sind, die über unsere Zukunft entscheiden, sondern dass wir es sind, die die Zukunft bestimmen. Wir bestimmen unsere Zukunft selbst, indem wir die Mitbestimmung im Betrieb stärken. Wir bestimmen unsere Zukunft selbst, indem wir fair miteinander umgehen und auch gegenüber Leiharbeitern wirkliche Kollegen sind. Und wir bestimmen unsere Zukunft selbst, indem wir auch unsere Kinder ermutigen, hier am Standort eine Ausbildung zu beginnen. Das alles wird unser Beitrag sein, Standort, Arbeitsplätze und Wohlstand in unserer Region zu sichern."*

All dies muss natürlich auch leidenschaftlich vorgetragen sein und darf nicht wirken, wie ein Verwaltungsvorgang der Redevertonung durch ein computergesteuertes Sprechprogramm.

Schauen wir uns dazu einige Beispiele aus der Politik an. Jemand, der seine Anaphern ausgesprochen kurz und zuweilen in einem einzigen Satz unterbringt, ist Christian Lindner (FDP).

> *„Wir müssen reden, wir müssen zuhören, wir müssen handeln."*
>
> *„Wir wollen Veränderung, wir wollen Fortschritt, wir wollen Zukunft."*
>
> *„Wir müssen uns engagieren, wir müssen uns einbringen, wir müssen uns einmischen."*
>
> *„Wir brauchen neue Ideen, wir brauchen neue Lösungen, wir brauchen neue Perspektiven."*

Berücksichtigt man, dass der durchschnittliche Politiker-O-Ton in einer Nachrichtensendung ungefähr 9 Sekunden lang ist, so hat Lindner nicht nur seine Zuhörerschaft im festen Blick, sondern stets auch die Verbreitung seiner Botschaften über die Medien. Denn: Was bereits kurz, prägnant und wirkmächtig angeboten wird, muss man bei einer längeren Rede nicht unbedingt mühsam selbst heraushören.

Schauen Sie sich die vier Anaphern von Lindner noch einmal an. Ohne Fußnoten ist es Ihnen vollkommen schleierhaft, in welchem Zusammenhang er diese Aussagen getätigt hat. Auf jeden Fall suggeriert er **Handlungsbereitschaft**, **Handlungsstärke** und **Handlungsdurchsetzungsfähigkeit**. Sie können die Anlässe der vier Anaphern beliebig untereinander austauschen – sie funktionieren immer. Packen Sie noch folgende Themenbereiche in Ihrer Gedankenwelt hinzu:

1. Krieg in der Ukraine
2. Klimawandel
3. Kinder- und Jugendschutz
4. Finanzkrise
5. Wohnungsnot
6. Parteitag
7. Irgendwas.

Es ist bei diesen Anaphern vollkommen unerheblich, in welchem Themenumfeld sie genutzt werden. Sie funktionieren immer. Nur die Redaktionen dürfen bei der Archivierung und Neuverwendung der O-Töne Lindners nicht durcheinanderkommen und den Kontext verwechseln. Und selbst wenn: Niemand würde es bemerken. Vermutlich auch Lindner selbst nicht.

Bei einer Preisverleihung im eher kleinen Berliner Kreis für die beste politische Wahlkampfrede, Veranstalter war der Verband der Redenschreiber deutscher Sprache, VdRS, kokettierte Lindner ein wenig mit dem Fotografen, als er mit der rechten Hand seinen Redezettel aus der Hosentasche holte und verbat sich jegliches Zettel-Foto, als ob er hier den heiligen Gral offenbaren würde. Der Zettel sah aus wie ein zusammengeknüllter Einkaufszettel im Format eines etwas längeren Kassenbons. Er würde sich hier den Tag über stets einige Worte drauf notieren, strukturieren und im Laufe des Tages – auch mit Blick auf die Medienresonanz – gewisse Feinarbeiten vornehmen und daran seine Gedanken sortieren.[109]

Lindner behauptete[110], seine Reden stets selbst zu schreiben und zu konzipieren. Es wirkte überzeugend – auch angesichts der Enttäuschung unter all den Redenschreibern, die zu dieser Veranstaltung eingeladen worden waren. Doch allein das Redenpensum eines Bundesministers lässt berechtigte Zweifel zu, dass auch ein rhetorisches Ausnahmetalent wie Christian Lindner, nicht doch auf Fertigreden seiner Teams zurückgreift.

109 Sie finden auf meinem YouTube-Kanal (siehe Autoren-Infos) ein ca. 20minütiges Interview mit Christian Lindner, das inkl. Vorgespräch live mitgeschnitten wurde. Den ersten Teil übernehme ich, danach sind meine Studierenden von der HS Osnabrück an der Reihe. Achten Sie darauf, wie schnell sich Lindner (und mit welchen Kniffen) auf die unterschiedlichen Fragen (keine war abgesprochen oder vorher eingereicht worden!) und Akteure einstellt.

110 Damals noch nicht Finanzminister.

Die Verwendung einer Anapher fördert die **Konzentration** des Publikums. Sie kann eine **dramatische Wirkung** haben und das Publikum emotional berühren, indem sie eine bestimmte Stimmung oder Atmosphäre schafft.

Eine Anapher kann auch in weniger formellen Kontexten, wie bei Reden von Aktivisten und Demonstranten, verwendet werden. Ein Beispiel hierfür ist die Bewegung „Fridays for Future" in Deutschland, bei der Schüler und Schülerinnen die Anapher „Klimaschutz ist keine Option, er ist eine Notwendigkeit" verwenden, um ihre Forderungen nach einer besseren Klimapolitik zu unterstreichen. Sie verwenden diesen Satz ähnlich einem Claim aus einem Werbespot. Bei den einen heißt es „Vorsprung durch Technik" oder „Freude am Fahren" – bei den Klimaaktivisten „Klimaschutz ist keine Option, er ist eine Notwendigkeit." Ein solcher Satz kann als **Trenner**, wie auch als **verbindendes Element** eingesetzt werden. Er kann als **Begründung** wie als **Forderung** Verwendung finden.

> **Begründung:** *„... und genau deshalb ist Klimaschutz keine Option. Er ist eine Notwendigkeit"*
>
> **Forderung:** *„Klimaschutz ist keine Option. Er ist eine Notwendigkeit – und wir verlangen, dass das endlich anerkannt wird."*

Und man kann diesen Satz als Standard-Antwort nehmen, wenn die eigenen Argumente mal zu schwach wirken oder man soeben den Faden in einer Debatte verloren hat:

Politiker Soundso liefert auf den ersten Blick nachvollziehbare und schwer zu widerlegende Argumente gegen einen (seiner Auffassung nach: übertriebenen) Klimaschutz. Beispielsweise Wirtschaftskraft, Arbeitsplätze oder die Tatsache, dass auch Windräder Stahlproduktion benötigen und es deshalb wichtig wäre, auch in Deutschland wieder mehr Stahl zu produzieren, anstelle ihn aus Indien kommen zu lassen. Die Argumentation wirkt schlüssig, das Publikum ist eher 50+ und gegen die Aktivistin eingestellt und die Gastgeberin des TV-Talks lächelt schon süffisant. Da hilft nur eins:

> *„Klimaschutz ist keine Option. Er ist eine Notwendigkeit."*

Die Anapher als **unwiderlegbarer Rettungsanker**. Auf jeden Fall rhetorisch besser und geschickter als die Reaktion von Luisa Neubauer gegenüber dem CDU-Kanzlerkandidaten Armin Laschet zu dessen Argumentation bzgl. dem scheinbaren Konflikt zwischen Arbeitsplätzen und Klimaschutz in NRW: *„Pfft"*.

Praxistipp

*Die Anapher ist **variabel**. Demnach kann sie ein Wort, eine Phrase oder eine ganze Zeile sein. Aber es muss immer dieselbe sein.*

*Die Verwendung einer **Anapher** hat viele Vorteile, darunter die Schaffung von **Rhythmus und Klang** in einer Rede oder einem Text, die **Verstärkung** von Themen oder Ideen und die Förderung der **Konzentration** des Publikums. Eine Ana-*

*pher kann auch eine **dramatische Wirkung** haben und das Publikum **emotional berühren**, indem sie eine bestimmte Stimmung oder Atmosphäre schafft.*

8.1.1 Besser nicht: Erstens, zweitens... und...äh...

Der Vorteil der Anapher (wie der Epipher, doch dazu später mehr) ist die **Variabilität**, von den magischen „Drei Argumenten" abweichen zu können. Ich greife noch einmal auf meine fiktive Gewerkschafterin aus dem obigen Beispiel zurück und wir stellen uns vor, dass sie während der Rede noch zwei weitere Blitzgedanken hat, die sie auf der Veranstaltung gerne einbinden möchte.

> *„Wir sind heute hier zusammengekommen, um dafür zu sorgen, dass es nicht andere sind, die über unsere Zukunft entscheiden, sondern dass wir es sind, die die Zukunft bestimmen. Wir bestimmen unsere Zukunft selbst, indem wir die Mitbestimmung im Betrieb stärken. Wir bestimmen unsere Zukunft selbst, indem wir fair miteinander umgehen und auch gegenüber Leiharbeitern wirkliche Kollegen sind. Wir bestimmen unsere Zukunft durch faire Löhne. Wir bestimmen unsere Zukunft durch ein reichhaltiges Angebot an Weiterbildung. Und wir bestimmen unsere Zukunft selbst, indem wir auch unsere Kinder ermutigen, hier am Standort eine Ausbildung zu beginnen. Das alles wird unser Beitrag sein, Standort, Arbeitsplätze und Wohlstand in unserer Region zu sichern."*

Sie werden festgestellt haben, dass die beiden Punkte „Löhne" und „Weiterbildung" zu dem Text hinzugekommen sind. Wenn Sie den Text laut (und gerne ein wenig leidenschaftlich) vortragen, werden Sie feststellen, dass die Passage weiterhin ihren Rhythmus behält, keinesfalls an Wirkungskraft eingebüßt, sondern eher hinzugewonnen hat. Jetzt die gleiche Variante mit dem Klassiker: Erstens, zweitens, drittens.

> *„Wir sind heute hier zusammengekommen, um dafür zu sorgen, dass es nicht andere sind, die über unsere Zukunft entscheiden, sondern dass wir es sind, die die Zukunft bestimmen. Und dafür gibt es drei wirklich gute Gründe. Erstens: Die Mitbestimmung im Betrieb muss gestärkt werden. Zweitens: Wir müssen fair miteinander umgehen und auch gegenüber Leiharbeitern wirkliche Kollegen sein. Und drittens: Faire Löhne. Und natürlich noch weiter darüber hinaus: Die Weiterbildung und Fünftens: Unsere Kinder sollen hier eine Ausbildung machen. Das alles wird unser Beitrag sein, Standort, Arbeitsplätze und Wohlstand in unserer Region zu sichern."*

Inhaltlich komplett dasselbe – von der Wirkung und Nachrichten-Tauglichkeit ein absolutes Desaster.

Selbst, wenn die Gewerkschafterin bei ihren drei Hauptpunkten bleibt und nicht noch ein viertes oder fünftes Argument findet, wirkt die Passage nicht. Oftmals werden beispielsweise die jeweiligen „drittens"-Punkte vergessen. Das klänge dann so:

> *„Wir sind heute hier zusammengekommen, um dafür zu sorgen, dass es nicht andere sind, die über unsere Zukunft entscheiden, sondern dass wir es sind, die die Zukunft bestimmen. Und dafür gibt es drei wirklich gute Gründe. Erstens: Die Mitbestimmung im Betrieb muss gestärkt werden. Zweitens: Wir müssen fair miteinander umgehen und auch gegenüber Leiharbeitern wirkliche Kollegen sein. Und natürlich Faire Löhne. Das alles wird unser Beitrag sein, Standort, Arbeitsplätze und Wohlstand in unserer Region zu sichern."*

Jetzt werden Sie bemerkt haben, dass das dritte Argument zwar im Text vorkam – aber nicht als drittes Argument mit der klaren Formulierung „und drittens" eingeführt wurde. Das ist einer der häufigsten Fehler bei der Struktur in unserer Kommunikation und die Zuhörer sind oftmals unsicher, ob sie nun wirklich drei Dinge gehört haben – oder doch nur zwei. Oder, ob Sie eins vergessen haben.

8.1.2 Rhetorisch bahnbrechend: I Have A Dream

Ein bei Anaphern gerne bemühtes Beispiel ist die legendäre Rede von Martin Luther King vor dem Washington Memorial, die sogenannte „I Have A Dream"-Rede[111]. Hier entstand die Anapher während der Rede durch die Zwischenrufe einer Zuhörerin: „Tell them about your dream". Reverend King greift diesen Zwischenruf schließlich auf und strukturiert damit seine Rede, die letztlich dadurch zahlreiche Stilmittel einer Predigt bekommt.

Bereits nach wenigen Sekunden seiner Ansprache hatte Martin Luther King die Anapher bemüht – bei vier (!) Absätzen, was wiederum für die flexiblen Einsatzmöglichkeiten einer Anapher spricht. Hier die Passage in der deutschen Übersetzung:

> „Einhundert Jahre später *ist das Leben des Negers*[112] *leider immer noch von den Handfesseln der Rassentrennung und den Ketten der Diskriminierung eingeschränkt.* Einhundert Jahre später *lebt der Neger immer noch auf einer einsamen Insel der Armut in der Mitte eines weiten, weiten Ozeans des materiellen Wohlstandes.* Einhundert Jahre später *vegetiert der Neger immer noch an den Rändern der amerikanischen Gesellschaft dahin und befindet sich im Exil in seinem eigenen Land."*

Weiter in seiner Rede:

> „Es ist jetzt die Zeit, *die Versprechen der Demokratie zu verwirklichen.* Es ist jetzt die Zeit, *sich aus dem dunklen und trostlosen Tal der Rassentrennung zum sonnenbestrahlten Pfad der Rassengerechtigkeit zu erheben.* Es ist jetzt die Zeit, *unsere Nation von den Treibsanden der rassistischen Ungerechtigkeit zum*

111 28.8.1963 – auch heute noch ein Meilenstein in der Rhetorik.

112 Ich weiß. Aber es ist der Original-Text von 1963. Ich zitiere im historischen Kontext.

> *festen Felsen der Gemeinschaft aller Menschen zu erhöhen.* Es ist jetzt die Zeit, *die Gerechtigkeit zu einer Realität für alle Kinder Gottes zu machen."*

Und schließlich die Passage, die seiner Rede den Platz in den Geschichtsbüchern verschafft hat:

> *„Es ist ein Traum, der seine Wurzel tief im amerikanischen Traum hat, dass sich diese Nation eines Tages sich erheben wird und der wahren Bedeutung seines Glaubensbekenntnisses, ‚wir halten diese Wahrheiten als offensichtlich, dass alle Menschen gleich geschaffen sind', gerecht wird.*
>
> Ich habe einen Traum, *dass eines Tages die Söhne von früheren Sklaven und die Söhne von früheren Sklavenbesitzern auf den roten Hügeln von Georgia sich am Tisch der Bruderschaft gemeinsam niedersetzen können.*
>
> Ich habe einen Traum, *dass eines Tages selbst der Staat Mississippi, ein Staat, der mit der Hitze der Ungerechtigkeit und mit der Hitze der Unterdrückung schmort, zu einer Oase der Freiheit und Gerechtigkeit transformiert wird.*
>
> Ich habe einen Traum, *dass meine vier kleinen Kinder eines Tages in einer Nation leben werden, in der sie nicht wegen der Farbe ihrer Haut, sondern nach dem Wesen ihres Charakters beurteilt werden.*
>
> Ich habe einen Traum!
>
> Ich habe einen Traum, *dass eines Tages unten in Alabama – mit den brutalen Rassisten, mit einem Gouverneur, von dessen Lippen Worte der Einsprüche und Annullierungen tropfen – dass eines Tages wirklich in Alabama kleine schwarze Jungen und Mädchen mit kleinen weißen Jungen und weißen Mädchen als Schwestern und Brüder Hände halten können.*
>
> Ich habe einen Traum!"

Ich kenne keinen Einsatz einer Anapher, die wirkmächtiger und wuchtiger ist als diese Anwendung durch Dr. Martin Luther King. Er variiert die Zahl der Anaphern in seiner knapp 20minütigen Ansprache.[113] Mal sind es vier, dann fünf – in der letzten Passage hier sind es sechs, beziehungsweise sieben, mit denen er seine Forderungen nach einer gerechteren Welt Nachdruck verleiht. Und er lässt die Anapher auch zweimal ohne weitere Kombination mit anderen Inhalten frei stehen. Legt man heutige Maßstäbe und Wertesysteme an seinen Text an, so kommt es gelegentlich zu massiven Fehlinterpretationen. So hielten Studierende meiner Vorlesung zum Thema „Kontext bei Sexismus und Rassismus" den Text (ohne Hintergrundinformationen und Quellenhinweis) für rassistisch, „weil dort das N-Wort vorkommt und das N-Wort ist ganz klar rassistisch."

---

113 Angeblich soll die Richtwert-Länge der TED-Talks von gut 18 Minuten auf die Länge der MLK-Rede zurückgehen.

8.2 Die Epipher

Kommen wir zum Gegenteil der Anapher, der Epipher. Die Epipher ist eine Anapher am **Ende** des Satzes. Eselsbrücke: Anapher, A = Anfang, Epipher, E = Ende. So lassen sich die beiden Rhetorik-Geschwister leichter auseinanderhalten.

Eine Epipher ist folglich ein **Schlusselement**, das am Ende eines Absatzes oder einer Sinneinheit vorkommt. Es kann ebenfalls ein Wort, eine Phrase oder eine ganze Zeile sein, aber es muss – wie bei der Anapher auch – stets identisch sein, sonst verliert sich der Effekt bei den Zuhörern. Eine Epipher dient dazu, einen Absatz oder eine Sinneinheit zu beenden und das Publikum auf den nächsten Absatz oder die nächste Sinneinheit vorzubereiten. Auch die Epipher kann einen wesentlichen Beitrag dazu leisten, als wichtiges Zitat für die spätere Berichterstattung erkannt und ausgewählt zu werden.

Es gibt keine allgemeingültige Aussage darüber, welche der beiden Stilfiguren besser ist, da es darauf ankommt, welche Wirkung man mit einem Text erzielen möchte. Letztlich hängt es sowohl von den **Zielen** des Schreibenden und dem **Kontext** ab, welche der beiden Stilfiguren besser geeignet ist. Aber nicht nur. Manche Rednerinnen kommen mit der Anapher besser klar, andere mit der Epipher. Trainingsbeobachtung ist: Diejenigen, die eher herleitungsorientiert kommunizieren bevorzugen die Epipher (sie bildet dann das Fazit der Argumentation), wogegen diejenigen, die eher führungsorientiert kommunizieren, wiederum die Anapher bevorzugen, da sie für die weitere Argumentation die Richtung bestimmt.

Wir bleiben beim Beispiel der fiktiven Gewerkschafterin und machen aus der Anapher in der ersten Version nun eine Epipher. So würde sich das anhören, beziehungsweise lesen:

> *„Wir sind heute hier zusammengekommen, um dafür zu sorgen, dass es nicht andere sind, die über unsere Zukunft entscheiden, sondern dass wir es sind, die die Zukunft bestimmen. Indem wir die Mitbestimmung im Betrieb stärken, bestimmen wir unsere Zukunft selbst. Indem wir fair miteinander umgehen und auch gegenüber Leiharbeitern wirkliche Kollegen sind, bestimmen wir unsere Zukunft selbst. Und indem wir auch unsere Kinder ermutigen, hier am Standort eine Ausbildung zu beginnen, bestimmen wir unsere Zukunft selbst. Das alles wird unser Beitrag sein, Standort, Arbeitsplätze und Wohlstand in unserer Region zu sichern."*

Um ein wenig Platz zu sparen und Sie beim Lesen nicht zu ermüden, verzichte ich auf die Wiederholung der anderen Aspekte aus der Anapher zum Vergleich: Den Umgang mit der numerischen Aufzählung und dem nachträglichen Einbinden von Inhalten.[114] Probieren Sie es selbst aus: die Epipher wirkt. Aber Sie werden feststellen, dass für eine

114 S.o. Seite 93 ff.

Epipher etwas mehr Konzentration beim Sprechen notwendig ist. Dennoch sollten wir mit beiden Stilmitteln sicher und souverän umgehen können. Nur so beherrschen wir eine weitere, wesentliche Grundlage für die Vorgehensweise:

Wer antwortet, führt.

In der spontanen Rede passiert es mir auch gelegentlich, dass ich die Anapher vergesse und mir dann beim Sprechen mit einer Epipher helfe. Das macht es dann im weiteren Vortrag etwas anspruchsvoller, denn schließlich hatte ich es anders beabsichtigt und einstudiert. Aber dann ist das halt so.

Praxistipp

Gute Kommunikation entfaltet ihre Kraft nicht darin, jedes Komma vorbereitet und jeden Satz auswendig gelernt zu haben. Gute Kommunikation basiert auf einer Vielzahl von Tools und einem hohen Praxisanteil, aus dem man sich spontan – aber inhaltlich strukturiert – jederzeit bedienen kann und stets das richtige Werkzeug in der Hand hält.

8.3 Für Fortgeschrittene: Die Verbindung von Anapher und Epipher

Jetzt ein wenig Kür:

Die Verbindung von Anapher und Epipher zu einem noch effektiveren Tool. Es funktioniert in der dreiteiligen Aufzählung: Anapher, Anapher, Anapher oder Epipher, Epipher, Epipher. Nur in seltenen Fällen und bei guter Vorbereitung durch den oder die Vortagenden funktioniert Anapher, Anapher, Epipher. Was besonders wirkungsvoll ist: Epipher, Epipher, Anapher.

Keine Sorge: Ich löse das Durcheinander auf. Wir gehen wieder zu meiner Gewerkschafterin vor den dynamischen Mitgliedern, die mit Fahnen und anderen Gewerkschaftsutensilien vor dem Rednerpult stehen. Epipher, Epipher, Anapher:

> „*Wir sind heute hier zusammengekommen, um dafür zu sorgen, dass es nicht andere sind, die über unsere Zukunft entscheiden, sondern dass wir es sind, die die Zukunft bestimmen. Indem wir die Mitbestimmung im Betrieb stärken, bestimmen wir unsere Zukunft selbst* [Epipher]. *Indem wir fair miteinander umgehen und auch gegenüber Leiharbeitern wirkliche Kollegen sind, bestimmen wir unsere Zukunft selbst* [Epipher]. [Jetzt der Wechsel zur Anapher:] *Und wir bestimmen unsere Zukunft selbst, indem wir auch unsere Kinder ermutigen, hier am Standort eine Ausbildung zu beginnen.* [Im Optimalfall beginnt hier dann schon der Applaus des Publikums, wir erheben die Stimme und einige db und

> sprechen laut und leidenschaftlich weiter] *Das alles wird unser Beitrag sein, Standort, Arbeitsplätze und Wohlstand in unserer Region zu sichern.* [Falls das Publikum etwas träge ist, schieben wir noch einen rhetorischen Joker ein *„Und dafür treten wir ein"* oder *„Und das bedeutet echte Solidarität, liebe Genossinnen und Genossen"*]."

Eine Variante machen wir noch zum besseren Verständnis: Anapher, Anapher, Epipher:

> *„Wir sind heute hier zusammengekommen, um dafür zu sorgen, dass es nicht andere sind, die über unsere Zukunft entscheiden, sondern dass wir es sind, die die Zukunft bestimmen.* [Anapher] *Wir bestimmen unsere Zukunft selbst, indem wir die Mitbestimmung im Betrieb stärken.* [Anapher] *Wir bestimmen unsere Zukunft selbst, indem wir fair miteinander umgehen und auch gegenüber Leiharbeitern wirkliche Kollegen sind. Und indem wir auch unsere Kinder ermutigen, hier am Standort eine Ausbildung zu beginnen,* [Epipher] *bestimmen wir unsere Zukunft selbst. Das alles wird unser Beitrag sein, Standort, Arbeitsplätze und Wohlstand in unserer Region zu sichern."*

Ja, das funktioniert. Irgendwie. Aber es kostet im Vortrag deutlich mehr Konzentration und rhetorische Willensstärke, diese PS auch wirklich auf die Piste zu bekommen. Gehen Sie im Zweifel den etwas leichteren Weg.

9. Problem und Lösung zugleich: Medienkompetenz

Thema des heutigen Coachings: „Umgang mit Medien im Erstkontakt". Auftraggeber ist ein **Unternehmen** aus einer **Hochrisikobranche**, wo durch eine Unachtsamkeit oder Materialermüdung ohne weiteres schwere Umweltschäden mit zahlreichen Toten entstehen könnten. Beispielsweise durch den Austritt von Flüssigkeiten oder Gasen. Zielgruppe sind diesmal genau jene Mitarbeiter, die am Werktor auf (sagen wir mal: *dynamische*) **Medienvertreter** stoßen, die mit laufender Kamera und eingeschaltetem Mikrofon alles einfangen, was es in einem solchen Havariefall an O-Tönen, Stellungnahmen – aber vor allem auch unbedachten und emotional geprägten Aussagen der Belegschaft einfangen lässt. Heute steht folglich nicht die Geschäftsleitung vor meinem Equipment, sondern **Bereichsleiter**, **Werkleiter**, **Schichtführer**, **Maschinenführer** usw.

9.1 Die „Sicherheitsunterweisung Kommunikation"

An solchen Tagen beschränke ich mich auf das Leistungsspektrum eines **kommunikativen Erste-Hilfe-Koffers**. Wir sprechen über Wirkmechanismen, Entscheidungszwänge in den Redaktionen, Sendetermine, der Mehrfachverwertung von redaktionellem Material. Das Recht am eigenen Bild oder Wort – und warum das in vielen Fällen einer Havarie dennoch so gut wie keine Rolle spielt. Wir lernen klar zu formulieren (beispielsweise nicht: „Ich möchte nicht, dass Sie jetzt hier filmen" sondern den rechtlich wesentlichen Unterschied: „Ich untersage Ihnen auf dem Werksgelänge jegliche Form von Bild- und Tonaufnahmen" – solche Dinge).

Gegen Ende der Schulung, die je nach Ausrichtung vier oder acht Stunden dauert, geht jeder zweimal vor die Kamera (damit er weiß, wie sich das anfühlt) und lernt seinen Standardsatz, den Journalisten so hassen, der das Unternehmen aber vor Peinlichkeiten schützen soll:

> *„Bitte haben Sie Verständnis, dass wir zum jetzigen Zeitpunkt keine weiteren Aussagen dazu treffen werden. Das macht bei uns die Geschäftsleitung, bitte wenden Sie sich an…"*

Sieht einfach aus, ist aber für jemanden, der sich mit Medien nur als Konsument auskennt, nicht wirklich leicht unter Druck abzurufen. Bis auf wenige Ausnahmen, bei denen die Nervosität dann doch zu groß ist, klappt das auch ganz gut. Es ist eine einfache **„Sicherheitsunterweisung Kommunikation"**.

So steht es auch normalerweise auf den Einladungen: „Sicherheitseinweisung Kommunikation".

Diesmal kam ein Teilnehmer deutlich früher als die anderen und schien vorher noch in einem anderen Job auf dem Werksgelände unterwegs gewesen zu sein. Ich finde es nicht optimal: Manchmal kommen Mitarbeiter auch nach einer Nacht- oder Frühschicht noch zu einer solchen Veranstaltung. Sei's drum. Dieser Mitarbeiter trug noch die volle Schutzausrüstung, einschließlich Spritzschutzvisier, Spezialhandschuhe. Er bot einen ziemlichen Kontrast zu meinen Jeans, Sommerhemd und Sneakern. Ich sagte dann, dass er sich noch umziehen könne. Kurze Zeit später fingen wir an. Er war anfangs sehr zurückhaltend, machte dann aber umso engagierter mit.

Eine belanglose Anekdote? Keineswegs. Als wir uns einige Wochen später im Schulungszentrum zufällig bei anderer Gelegenheit wiedertrafen, rückte er mit der Sprache raus: *„Ich dachte bei ‚Erstkontakt mit Medien' an die Substanzen, die wir herstellen. Deshalb kam ich in Schutzausrüstung."*

Medien = giftige Substanzen.

Die unterschiedliche Interpretation von „Medien" ist kein Einzelfall. Ein Teilnehmer bei einem anderen Kunden dachte, „Medientraining" wäre der Umgang mit E-Mails und WhatsApp und wunderte sich, wieso er dafür einen ganzen Tag freigestellt worden war.

Originell war es auch bei einem größeren Arbeitgeber der Bundesregierung. Da saßen auf einmal anstelle von zwei Teilnehmern zehn in meinem Kurs und brachten den Ablauf etwas ins Schlingern. Ein Vorgesetzter hatte sie morgens in der Kaserne zum Medientraining befohlen. Sie wurden abkommandiert zur Kommunikation.

Medientrainer und Medientrainer sind oft zwei komplett unterschiedliche Coaches. Bei den einen lernt man überwiegend Körpersprache, Kleidung und Bewegung vor der Kamera – bei dem anderen gibt es noch handfeste Inhalte und Analysen dazu. Der Satz „Ich hätte nicht gedacht, dass **Kommunikation** auch so viel mit **Formulierungen** zu tun hat" kommt immer wieder einmal vor, wenn Teilnehmer sich das Training nicht selbst erfragt oder abgestimmt haben, sondern eher vom Arbeitgeber alleine (oder in Kleingruppen) dazu eingeteilt werden.

Medien sind irgendwie, eigentlich, sozusagen, vielleicht, gewissermaßen: Alles.

9.2 Medienkompetenz

Was den aus journalistischer Sicht **professionellen Umgang** mit den wirklichen Medien betrifft, so haben wir erhebliche Defizite zu verzeichnen – über alle Altersgruppen hinweg. Achten Sie einmal auf den normalen Sprachgebrauch bei Freunden und Kollegen. „Ich habe Dir das gemailt." „Ich finde das aber nicht in meinen Mails." „Nicht bei den Mails. Ich habe Dir das über WhatsApp gemailt." – „Mailen" wir über WhatsApp?

Spitzenreiter in diesem Jahr ist zurzeit eine Nachricht, die mich per WhatsApp erreichte von der Assistenz der Geschäftsleitung einer Aktiengesellschaft: *„Ich dachte, ich schreib*

Ihnen einfach mal per WhatsApp." – Es handelte sich dabei um eine Sprach(!)nachricht, mit der mir *geschrieben* wurde.

Anekdotische Evidenz? Nein.

Ich hätte nie gedacht, dass ich meinem Deutschlehrer einmal so dankbar sein würde, dass er uns auf dem Gymnasium noch mediale Darstellungsformen und ihre Besonderheiten sowie Eigenschaften beigebracht hatte. Wir kannten in der Schule, lange bevor ich Journalist wurde, bereits die Unterschiede zwischen Nachricht und Meldung, Kommentar und Leitartikel, Glosse, Satire und Kolumne. Wir waren in der Lage die Eigenschaften der Darstellungsform „Seite Drei" vom „Panorama" zu unterscheiden, kannten die gängigen Nachrichtenagenturen und wussten, welche in welchem Land als führend galt. Reportage und Bericht konnten wir unterscheiden. Wir wussten, dass die Kölnische Rundschau als konservativ galt und der Kölner Stadt-Anzeiger als liberal. Wir wussten, dass der Spiegel links und die Springerpresse konservativ ist. Wir lernten, dass manche Redaktionen nach einem Redaktionsstatut arbeiten, andere ihre Chefredakteure wählen dürfen und dass ein Verleger dem Chefredakteur in der Regel nicht ins Geschäft reinzureden hat. Dass die Anzeigenabteilung uns keine Vorschriften über die redaktionellen Inhalte zu machen hat und vieles mehr.

Vor allem jedoch müssen wir die Bedeutung von **Medienkompetenz** mit Blick auf die **digitale Gesellschaft** betrachten. Schauen wir uns die Gründe dafür an. Medienkompetenz hilft dabei, **Falschinformationen** zu erkennen und zu vermeiden, die in den sozialen Medien und anderen Online-Plattformen verbreitet werden. Man ist schneller in der Lage, die klassischen Fehler bei der Verbreitung von Falschinformationen anhand einfacher Merkmale zu entdecken.

Schauen wir uns deshalb Twitter etwas genauer an.

Beispielsweise nutzen viele Fälscher gerne die Schriftart „Arial". Twitternachrichten werden in einer anderen Schriftart dargestellt: Chirp. Diese Schriftart ist beispielsweise bei Word nicht standardmäßig installiert. Das macht das schnelle, spontane fälschen von Nachrichten als Grafik umständlicher.

Chirp[115] wurde von Twitter für die Verwendung in seiner App und auf seiner Webseite entwickelt. Die Schriftart wurde bereits 2020 offiziell eingeführt und ist Teil eines größeren Rebranding-Projekts von Twitter. Die Schrift wurde speziell für die Verwendung in digitalen Anwendungen wie Apps und Webseiten erstellt und ist eine Sans-Serif-Schriftart mit einem klaren, geometrischen Design mit Regular, Bold, Light und Black. Chirp ist auch in verschiedenen Sprachen und Schriftsystemen verfügbar, einschließlich Latein, Kyrillisch, Griechisch, Arabisch, Hebräisch und Japanisch. Aber im Grunde genommen geht es Twitter darum, dass die Schriftart die Lesbarkeit und Benutzerfreundlichkeit der

115 Deutsch: Zwitschern.

Twitter-App und Twitter-Webseite zu verbessert. Chirp muss man nicht unbedingt als solche kennen, wenn man nicht im Bereich Grafikdesign arbeitet. Es genügt hier nur zu erkennen, dass es sich bei der zweifelhaften Nachricht um eine andere Type handelt und man braucht das Wissen, dass es **Corporate Design** gibt. Mehr braucht es nicht, um an einer Fake-Nachricht erste Zweifel aufkommen zu lassen.

Ferner stellt Twitter den Text entweder neben oder direkt unter einem Profilbild des Nutzeraccounts dar. Diese Details werden bei Fälschungen leicht übersehen, so dass theoretisch eine Überprüfung mit einem Lineal bereits helfen kann: Wenn der sogenannte Satzspiegel[116] durch das Bild läuft, muss es sich um eine Fälschung handeln.

Sie sehen: Auch solche Kleinigkeiten tragen zur allgemeinen Medienkompetenz bei. Nicht nur die Kenntnis über Nachrichtenagenturen und interne Abläufe in den Redaktionen.

Darüber hinaus hilft Medienkompetenz grundsätzlich dabei, sich im Internet sicher zu bewegen und sich vor Cyberkriminalität, Online-Betrug und anderen Bedrohungen zu schützen. Das, was früher der Enkeltrick war (angeblich ist ein Enkel in Not und schickt einen Freund vorbei, der Bargeld entgegennimmt), geschieht nun per WhatsApp mit der Nachricht „Hallo Mama, ich habe eine neue Nummer, du kannst meine alte löschen". Im weiteren Verlauf kommt es dann zu einer glaubwürdigen Geschichte, zu der unbedingt eine Online-Überweisung (als Echtzeitüberweisung)[117] gehört. Das Ganze geschieht per Textnachrichten und nicht als das, was normalerweise in einer Familie üblich sein sollte: Dem persönlichen Gespräch am Telefon. Allein dadurch würden 95 Prozent aller Täter sehr rasch auffliegen.

Auch das ist eine der Folgen unseres kommunikativen Alltags: Unsere Kommunikation wird immer **indirekter**. Das frühere Telefonat wird durch eine Reihe von Textnachrichten ersetzt, die Mail ersetzt den Besuch im Nachbarbüro. Die Videokonferenz ersetzt den persönlichen Besuch. Wir schicken Sprachnachrichten hin und her, statt einmal interaktiv miteinander zu sprechen.

Das alles macht uns anfälliger für einen unbedachten Klick in einer Mail. Uns fallen offensichtliche Layoutfehler in gefälschten Mails in Sparkassen-Optik nicht auf, viele Menschen wundern sich nicht, dass ein Unternehmen, das Passwörterdatenbanken der User führt, die Übermittlung des Passwortes in einer ganz anderen Eingabemaske verlangt – und vieles mehr. Unternehmen, die eine Woche nach Sicherheitsschulungen auf dem Gelände USB-Sticks mit der Aufschrift „Fotos Urlaub" oder ähnlichen privat wirkende Hinweise verteilen, wundern sich anschließend, wie viele soeben geschulte Mitarbeiter diese Sticks dennoch in die Dienstrechner stecken. Und das ist nur die oberste Schneeflocke eines ganzen Eisbergs.

116 In diesem Beispiel die linke Kante der Textzeilen nach oben mit dem Lineal verlängert.
117 Diese können von den Geldinstituten nicht wieder zurückgebucht werden.

Unser Gehirn ist faul. Wenn das Gehirn wählen kann zwischen Videoinhalten und Lesen, dann wählt es gerne das Video. Medienkompetenz fördert das kritische Denken und hilft dabei, Informationen zu hinterfragen, zu analysieren und zu bewerten. Aber Medienkompetenz fordert vom Gehirn dagegen die **Anstrengung**, das einmal Erfasste nicht sofort in ein Gehirn-Regal zu packen, sondern kritisch zu hinterfragen. Sich auf den Weg zu einer zweiten oder gar dritten Quelle zu machen und dann gegebenenfalls die bisherige Bewertung des Erfassten wieder neu vorzunehmen, nachzujustieren oder ganz zu verwerfen. Und natürlich fördert Medienkompetenz grundsätzlich das **Verständnis**, verschiedene Arten von Medien zu verstehen, wie z.B. Texte, Bilder, Videos und Audio. Früher konnten wir uns noch mit dem gesunden Menschenverstand behelfen und uns auf die soziale Korrektur durch die Gruppe verlassen. Wer vor 20 Jahren im Freundeskreis vollkommen abwegige Positionen vertreten hatte, wer Verschwörungstheorien aufgesessen war und sie in der Gruppe verbal teilte, der erfuhr in der Regel in Echtzeit ein **Korrektiv** und hat es danach gelassen. Heute ist unsere Internet-Welt so irre geworden, dass sich für alles und jedes direkt eine **Bestätigung** finden lässt. Für denjenigen, der dabei noch einen klaren Kopf bewahren kann, wird die Welt dadurch lustiger – für alle anderen unübersichtlicher.

9.3 Medienkompetenz im Journalismus

Besonders wichtig, weil wir wirtschaftlich alle davon abhängig sind, ist natürlich die **berufliche Komponente** von mehr Medienkompetenz. In den Disziplinen Marketing, Kommunikation und dem Journalismus. Unterschätzen Sie das nicht: Auch im Journalismus nimmt die klassische Medienkompetenz rapide ab. Im Privaten nimmt die Medienkompetenz zu, weil wir Inhalte auf Portalen teilen und liken. Wir stellen im Laufe der Zeit fest, welche Inhalte gut laufen und welche weniger gut. Auch das bestimmt unseren Umgang mit den Mediengattungen Text, Ton und Bild. Sowohl als Konsument, wie auch als Produzent. Auf der anderen Seite verflacht es jedoch das Gesamtbild: Bis zu den frühen 1990er Jahren war es Medienberufen vorbehalten, medial in Deutschland zu produzieren. Es waren Sendeanstalten, Zeitungs- und Zeitschriftenverlage, die mit gut oder weniger gut ausgebildetem Personal die Inhalte aufbereiteten und uns zur Verfügung stellten.

Wir hatten gelernt, dass man dafür bezahlen musste und das war gut so: Wer sich für 5 Mark den Spiegel gekauft hatte, der hat auch Texte gelesen, die man sonst nicht gelesen hätte – sie waren schließlich bezahlt. Genau wie man auch seinen Teller im Restaurant aufisst, selbst wenn die Beilage nur zu 70 Prozent schmackhaft ist. Das Lesen von Inhalten, mit denen man sich sonst nicht beschäftigt hätte, hat unseren **Horizont erweitert**. Mit einem Mal interessierten wir uns für Geschichten aus Ländern, von denen wir vorher nur rudimentär etwas wussten. Heute passiert das in der Regel nur durch

Großereignisse: Hatten Sie vor dem Ukraine-Krieg Transnistrien auf dem Zettel? Kannten Sie vor dem schweren Erdbeben in der Türkei im Jahr 2023 die Stadt Antakya?

Heute versuchen Medien sie schon damit zu beschwichtigen, dass Sie sich bestimmte Inhalte automatisch vorlesen lassen können oder dass besondere Stücke von Profisprechern eingesprochen werden. Vorne im Text wird bereits die voraussichtliche Lesezeit angeben, damit Sie vor einem längeren Text nicht zurückschrecken.

Ebenfalls heute bezahlen Sie kaum noch etwas für Journalismus. Was auf der einen Seite kostenpflichtig ist, ist auf einer anderen vielleicht kostenlos zu bekommen? Surfen wir folglich weiter durchs Netz. Qualitätstexte, die im Laufe des Lesens erst ihre ganze Kraft entfalten könnten, werden nur noch ein, zwei Absätze angelesen und dann weggeklickt. Das führt im Journalismus (vor der Bezahlschranke) dazu, dass Teasertexte **reißerischer formuliert** werden, dass Schlagzeilen mit Aspekten locken, die sich im Text nicht wiederfinden lassen. Alles für eine kurzfristigen Klickerfolg und zu Lasten einer langfristigen Userbindung ans Medium.

Nicht jeder User ist in der Lage, journalistische Qualitätsstandards zu erfüllen – und muss das auch nicht unbedingt. Das Internet sorgt dafür – bei aller extremistischer Ausprägungen an den Rändern – dass Medieninhalte **demokratischer verbreitet** werden. Ein Privat-Blogger ist gewissermaßen technisch gleichgestellt mit dem Imperium von Axel Springer. Es führt jedoch dazu, dass Medieninhalte insgesamt **flacher und beliebiger** werden. Das Seichte holt sich die Massen – und Journalismus versucht ebenfalls durch seichtere Inhalte, die Massen zurückzuholen, weil man sich Anfang der 1990er Jahre als Medienunternehmen wie Ramschware bepreist hat und dieses Learning der User 35 Jahre später nicht einfach ins Gegenteil verkehren kann.

2023 begann mit Paukenschlägen: Bertelsmann kündigte die Einstellung oder Verkauf von über 20 Titeln an, den Abbau von 700 der 1.900 Arbeitsplätzen und Springer legte kurze Zeit später nach: 100 Millionen Euro gilt es einzusparen. Das bedeutet ebenfalls massiven Stellenabbau. Selbst wenn Springer diese Stellen überwiegend in der Produktion und Grafik abbauen sollte – die Arbeiten müssen weiterhin gemacht werden und landen im Arbeitsablauf der Redakteurinnen und Redakteure, die dann letztlich nur noch zu 75% journalistisch arbeitende Menschen sind. Es mag oben, im 19. Stock des Springer-Verlagshauses anders aussehen – aber wenn ich von einem Journalisten 25% andere Tätigkeiten verlange: Baue ich dann nicht 25% eines journalistischen Arbeitsplatzes ab und spare bei vier Journalisten so eine ganze Stelle ein?

9.4 Medienkompetenz in der Gesellschaft

Ich übernehme Lehraufträge und Gastvorlesungen an Hochschulen zu meinen Kommunikationsthemen und gehe eine fest definierte Zahl an Arbeitstagen auch in Gymnasien, um dort Schülerinnen und Schüler über Fakenews und Medien aufzuklären. Gewissermaßen als gesellschaftliches Engagement in einem Bereich, in welchem ich mich gut auskenne und Wissen glaubwürdig weitergeben kann. Man trifft selten auf desinteressierte Menschen, denn Medien gehen uns alle an. Aber es ist erschütternd, was ich dort – sowohl an Hochschulen als auch an Gymnasien – an Vorkenntnissen vorfinde.

Drei Schulklassen eines bischöflichen Gymnasiums in NRW aus einem ländlichen Gebiet konnten mir nicht den Namen der örtlichen Lokalzeitung nennen. An der Hochschule haben wir einen Allgemeinwissenstest gemacht. Ein paar Antworten aus dem vierten Semester: „Die taz ist eine konservative Zeitung". „Der Bundesnachrichtendienst ist eine Nachrichtenagentur für die Presse, so ähnlich wie die dpa". Der Unterschied zwischen Staatsfunk und Öffentlich-Rechtlichem Rundfunk war nicht bekannt. Der betreffende Student war ziemlich erschrocken als ihm – neben „Altparteien", „Systempresse", „Mainstreammedien" – bewusst wurde, dass er feinstes AfD-Sprech verwendete.

Als Darstellungsform in den Medien war beispielsweise nur „Nachrichten" bekannt. Da Medien aber per Grundgesetz „Tendenzbetriebe" sind – konnten folglich „Nachrichten" nicht neutral sein. Wer kann heutzutage noch Kommentar von Kolumne, Nachricht von Meldung, Leitartikel und Bericht auseinanderhalten? Wer kann die redaktionellen Punkte einer klassischen „Seite Drei" aufzählen?

In der mündlichen Prüfung wollte ich beim Teilbereich „Framing" darauf hinaus, wer in einer kontrovers geführten Gendebatte die Begriffe „gentechnisch manipuliert", „gentechnisch optimiert" oder „gentechnisch verändert" verwendet und welche Formulierung in einer neutralen Nachrichtensendung zu verwenden sei. Die naheliegende Logik: „Nachrichten = neutral = gentechnisch verändert" setzte sich nicht durch. Begründung: Medien seien ja subjektiv und dürften das auch. Ja. Aber doch nicht bei Nachrichten. Wenn man aber alles, was in Medien vorkommt, für Nachrichten hält und die anderen, meinungsstarken Darstellungsformate wie Kommentar, Glosse oder Leitartikel nicht kennt, dann kommt man zwangsweise zu einer falschen und verfälschten Medienwahrnehmung.

Ein Student erzählte freudestrahlend, dass er regelmäßig einen Podcast mit Nachrichten aus aller Welt hört. Er konnte aber weder den Host noch den Veranstalter dieses Podcast nennen. Damit war unklar, ob es sich hier um einen Verschwörungskanal oder ein seriöses Medienunternehmen handelt. Aber er vertraute den Inhalten, weil er „die Stimme so schön findet und die das gut erklären".

Weitere Highlights aus dem Wissenstest: Nicht der Bundespräsident, sondern der Bundeskanzler sei das Staatsoberhaupt. Der Bundesrat ist ein Gremium der Deutschen Wirtschaft, das den Bundeskanzler berät und nicht das Parlament der Bundesländer. Eine Treuhand sei die Hand, an der man den Ehering trägt. Die Außenministerin wurde wohl von den Parteimitgliedern der Grünen in das Amt gewählt. Abgesehen davon kannte niemand derjenigen, die freimütig bekannten, bei der Bundestagswahl Partei XYZ gewählt zu haben, die Ministerinnen oder Minister der Bundesregierung, die diese Partei entsendet hatte. Wir fragen stets, was wir für unser Geld bekommen – aber was wir für unsere Stimme bekommen, interessiert uns nicht?

Abfrageergebnis aus meinen Fakenews-Vorträgen, die ich teilweise auch öffentlich seit dem Krieg Russlands gegen die Ukraine halte: 90 Prozent aller Zuschauerinnen und Zuschauer haben ein Streaming-Abo. Weniger als 10 Prozent geben Geld für Journalismus hinter der Paywall aus. Die Frage muss doch sein: Warum sind wir bereit für fiktionale Inhalte Geld auszugeben und für nonfiktionale Inhalte nicht? Journalismus ist zu teuer? Nein.

Man darf in der Regel sein Abo auf fünf Geräten lesen. Wenn man nicht so genau ins Kleingedruckte der Allgemeinen Geschäftsbedingungen der App schaut und man ein paar Freunde, Bekannte oder Kollegen kennt, die ebenfalls elektronische Geräte haben, kann man den Preis schon auf 20 Prozent senken. Oder für 100 Prozent Preis immerhin fünf verschiedene Medien lesen, wenn man untereinander die Zugänge tauscht.[118]

Während der Mittagspause eines Präsentationstrainings sprach ich mit einem Teilnehmer über Medien. Eigentlich sprach er mit mir: *„Sie waren doch auch beim Staatsrundfunk…"* Ich unterbrach, erläuterte kurz den Unterschied zwischen Staatsfunk und öffentlich-rechtlichem Sender. *„… wie haben Sie das denn dann mit den Interviews gemacht? Wie schnell antwortet ein Regierungssprecher?"*

Ich wusste nicht, was er meinte.

Er stand freimütig und voller Überzeugung zu der These, dass öffentlich-rechtliche Journalisten bei einem Regierungssprecher die Fragen für Live-Interviews mit Politikern einreichen müssten, und dieser dann die Fragen erlaubt oder verbietet. Ein Regierungssprecher sei doch für die Presse zuständig und arbeite für die Regierung.

Für einen Augenblick dachte ich wirklich, ich wäre in eine Reichsbürgerveranstaltung hineingeraten. Diese interpretieren aus dem Begriff „Personal-Ausweis" schließlich auch die These, dass die Bundesregierung eine GmbH sei. Denn ein Land habe schließlich kein Personal, sondern Bürger.

So viel kann ich schon mal sagen: der Fall ging noch gut aus. Aber ich hatte es hier mit jemandem zu tun, der bis zu unserem Kennenlernen noch niemals (!) Kontakt zu einem Journalisten hatte. Ganz zu schweigen von jemandem, der sowohl bei den Privaten als auch bei den öffentlich-rechtlichen Sendern gearbeitet hatte. Ich erläuterte ihm die Arbeitsschritte, erläuterte die Begriffe „Pressesprecher", „Journalist", „Regierungssprecher" sowie „Autorisierungspraxis", „Artikel 5 Grundgesetz"[119] und ein paar andere

118 Rechtlicher Hinweis: Das ist hier nur theoretisch! Dürfen tun Sie es nicht. So, wie man auch nicht bei Rot über eine Ampel gehen darf beispielsweise. Oder mal eine Station ohne Fahrschein fährt.

119 Regelt die Freiheit von Lehre, Forschung und Meinungs- sowie Pressefreiheit.

Dinge. Er war Mitte 40, gehobene Führungsebene und hatte ca. 150 Mitarbeiter unter sich. Anschließend schrieb er mir noch einmal und bedankte sich für die Informationen. Er habe in all den Jahren ziemlichen Blödsinn verbreitet in seinem Umfeld.

Ja. Hat er.

Aber kann man es jemandem übelnehmen, wenn er niemals damit in Berührung gekommen ist, es ihm niemand richtig erklärt hat und er in der Annahme, er läge absolut richtig, auch nicht das Bedürfnis verspürte, all diese Positionen noch einmal gesondert zu hinterfragen, zu überprüfen und gegebenenfalls zu korrigieren? Nein, das kann man nicht. In seinem Fachgebiet schien er mir – sofern ich das beurteilen konnte – ein absolutes Ass zu sein. Hätte man mich über sein Fachgebiet befragt, wären meine Antworten vielleicht ähnlich unqualifiziert gewesen. Allerdings habe ich hier den entscheidenden Vorteil: Es gehört zum Handwerk des Journalisten, alles und jedes infrage zu stellen, zu hinterfragen, es erst dann zu glauben, wenn mehrere unabhängige Quellen dieselbe Information bestätigen. Aber selbst das Mehrquellenprinzip ist im Zeitalter von Fakenews, Deepfakes und den ganzen PR-Interessen von Lobbygruppen, NGOs, Parteien und Industrie nur noch schwer in seiner Reinheit einzuhalten.

9.5 Kompetente Medien

„Nach allgemeinen Medienberichten soll…" – Vorsicht, wenn Meldungen so beginnen. Oder wenn es eine Quelle eines Gerüchtes gibt, das aber von mehreren Medien zitiert wird. In solchen Fällen wird schnell aus dem mehrfachen Zitieren derselben Quelle ein „Mehrquellencheck". Die Medien zitieren sich dann gegenseitig und (ganz ohne Manipulationsabsicht!) entsteht der Eindruck, die Meldung sei verifiziert, weil die anderen es schließlich ebenfalls melden.

An anderer Stelle in diesem Buch erwähne ich die Paywall vom Handelsblatt in Bezug auf ein Interview mit dem Virologen Hendrik Streeck.[120] Ein ähnlich gelagerter Fall: Die linksalternative taz berichtete zu früh vom Tod des emeritierten Papstes Karl-Josef Ratzinger, aka Benedikt II. Im Journalismus ist es höchst peinlich, wenn so etwas passiert. Es handelt sich hier weder um eine Fakenews noch um eine Kampagne oder Falschmeldung (selbst, wenn der Inhalt „Ratzinger ist tot" falsch ist). Dazu muss man wissen, dass in allen Redaktionen (Medien wie Nachrichtenredaktionen) sogenannte Nachrufe bereits fertig formuliert vorliegen. Das macht man bei einem entsprechenden Alter der Personen öffentlichen Lebens (= der Tod ist nah), oder sobald sie eine besonders herausgehobene Stellung einnehmen. Sie können, trotz des moderaten Lebensalters von Bundeskanzler Olaf Scholz, davon ausgehen, dass mit der Amtseinführung spätestens der erste Nachruf über ihn angelegt wurde. Schließlich könnte er plötzlich sterben oder einem Attentat

120 S.o., S. 22.

zum Opfer fallen. In solchen Zeiten kann man nicht noch in aller Ruhe biografische Daten zusammentragen in den Medien. In der Regel werden diese Nachrufe einmal im Jahr aktualisiert. Das ist eine Fleiß- und Strafarbeit für die Jüngeren in der Redaktion. Es gibt wenig Langweiligeres als das – und gesendet wird es in der Regel auch erst Jahre später... Wenn also die taz den Tod eines Papstes, der ohnehin schon seit längerer Zeit erhebliche Altersfortschritte und Gesundheitsrückschritte macht, verkündet, dann ist vermutlich eine Todesmeldung über die Nachrichtenagenturen gelaufen, die noch nicht von einer zweiten unabhängig bestätigt wurde, oder man hat die Korrektur der Nachrichtenagentur übersehen. Manchmal sind es auch Übersetzungsfehler, die dazu führen oder ein für gewöhnlich top informiertes Medium im Ausland hat mal danebengelegen.

Wegen eines Übersetzungsfehlers geriet Anfang 2023 der Spiegel massiv in die öffentliche Kritik, der eine Interviewaussage des ukrainischen Präsidenten Wolodymyr Selenskyj über Bundeskanzler Olaf Scholz falsch verbreitete. In der deutschen Übersetzung hieß der Satz *„Ich muss ihn zwingen, der Ukraine zu helfen."* Ein Vorwurf, der großen Wellen schlug, hatte Deutschland doch gerade weiteren Panzerlieferungen für die Ukraine zugestimmt. Die Wogen schlugen politisch wie auch in Sozialen Medien entsprechend hoch. Kurze Zeit später korrigierte der Spiegel die Übersetzung wie folgt:

> *„Ich muss Druck machen, der Ukraine zu helfen und ihn ständig überzeugen, dass diese Hilfe nicht für uns ist, sondern für die Europäer."*

Das ist nun deutlich schwächer und diplomatischer formuliert – wenn auch meiner Ansicht nach mit demselben Kern. Eine Sprecherin des Spiegels begründete die Übersetzungspanne grammatikalisch:

> *„Als der Text online schon veröffentlicht war, regten unsere Redakteure an, wegen des fehlenden Personalpronomens im ersten Satzteil die deutsche Übersetzung genauer und ohne Personalpronomen zu formulieren."*

Kommen Sie noch mit? Kein Problem, denn das brauchen Sie nicht. Beim französischen Figaro[121], von dem das Interview stammte, lautet die Passage auf Deutsch:

> *„Ich verstehe, dass es für die Deutschen aufgrund ihrer Geschichte schwierig war, uns Panzer zur Verfügung zu stellen. Es war so schwierig, dass sie uns vorher Iris-T-Luftabwehrsysteme lieferten. Die Frage der Panzer war eine politische Entscheidung, genau wie bei den Sanktionen."*

Kein Wort von oder über Olaf Scholz in dieser Passage.

Derartige Fehler sollten nicht passieren. Aber es passiert. Es ist ein Fehler, der von Menschen gemacht wurde, wo Menschen für andere Menschen arbeiten.

121 Liberale bis konservative Tageszeitung Frankreichs, erscheint seit 1866 als Tageszeitung.

Sonst nichts.

Wenn wir uns in Social Media nicht in Echtzeit aufregen würden, dann hätte Journalismus auch mal Zeit, Fehler in Ruhe zu korrigieren. Allerdings gibt es keinen Redaktionsschluss mehr: Online ist der Redaktionsschluss 24/7 aufgehoben.

Am ersten Kriegstag in der Ukraine berichtete BILD-Vize Paul Ronzheimer aus Kiew. Er war einer von ganz wenigen Journalisten, die zu diesem Zeitpunkt noch im Land waren. Ronzheimer pflegte bereits vor dem Krieg gute persönliche Kontakte zu den Klitschkos, insbesondere Vitali Klitschko, dem Bürgermeister von Kiew. Für eine Redaktion ist ein solcher Kontakt ein Geschenk des Himmels: Ein Bürgermeister, der auf Deutsch Interviews geben kann, der auch vertrauliche Briefings geben würde – ein klarer Wettbewerbsvorteil gegenüber allen anderen Medien. Paul Ronzheimer sendete seinen Bericht aus der bombardierten Stadt – und in Deutschland sah man sein sprechendes Gesicht mit spektakulären Bildern von Explosionen. Dumm nur, dass diese Explosionen von einer Gaspipeline aus China stammten und bereits mehrere Jahre alt waren.[122]

„Die Bild-Zeitung ist ein widerliches Stück Scheiße."[123], *„Da zeigt sich wieder, dass das Drecksblatt BILD sich für nichts zu schade ist."*[124] waren nur einige von ungezählten Reaktionen. Mich hat das nicht sonderlich aufgeregt, sondern eher Mitgefühl für die Lage von Kriegsreporter Ronzheimer geweckt.

Warum?

Ich kenne die Arbeitsweise von TV-Redaktionen aus der eigenen Arbeit[125] und ich kenne die damaligen Strukturen bei BILD TV. Deshalb weiß ich, dass der Reporter sich nicht für das Bildmaterial verantwortlich zeichnet, welches später im TV-Kanal zu seinem Bericht eingespielt wird. Der Reporter hat andere Dinge zu tun – beispielsweise sich um die eigene Sicherheit zu kümmern, Kontakte zu knüpfen, Informationen zu verifizieren – oder sie überhaupt erst einmal zu bekommen. Trotz der freundschaftlichen Beziehungen zwischen Klitschko und Ronzheimer: Klitschko hat immer noch während eines Krieges seine Stadt zu betreuen. Besuch aus Deutschland hin oder her.

In der Redaktion sitzen junge Kolleginnen und Kollegen, die zuarbeiten. Es sind jene, die Bildagenturen sichten, auf Recherche in den Sozialen Netzwerken sind und die vor allem den Druck haben: *„Paul hat schon überspielt. Wir wollen auf Sendung gehen. Was ist jetzt mit dem Bildmaterial?"* Und seien wir mal ehrlich: Jemanden mit 35 Jahren Berufs-

122 Ich zeige dieses Beispiel u.a. auf meiner Vortragstour „Die Lüge ist nur einen Klick entfernt". 23 Veranstaltungen waren es in 2022, weitere Veranstaltungshinweise für das laufende Jahr entnehmen Sie bitte meinem Twitter-Profil @tom200prozent.

123 Twitter-User @TinoPfaff am 25.2.2022 (Screenshot liegt vor).

124 Twitter-User @Flopinionix am 25.2.2022 (Screenshot liegt vor).

125 Während des 11. September und des Jugoslawienkriegs war ich in Köln in der Nachrichtenredaktion von „RTL Aktuell" als freier Mitarbeiter beschäftigt.

erfahrung Bildmaterial in Social Media recherchieren zu lassen, ist betriebswirtschaftlich keine gute Entscheidung. Das machen junge Leute, die alten Hasen machen die Einordnung, den Hintergrund oder kennen noch jemanden bei einem Geheimdienst oder einer Regierungsstelle, wo man Informationen verifizieren kann.

Und so passiert es, dass – ohne Wissen von Paul Ronzheimer – neben seinem Gesicht „gefälschte" Bilder (streng genommen sind es keine gefälschten Bilder, sondern echte Bilder – nur von einem anderen Ereignis) laufen. Er bekommt aber über Social Media (hier insbesondere Twitter) den kompletten Shitstorm ab, um den er sich während eines Kriegsausbruchs nicht kümmern kann.

Die Ursache dieses Problems sind Sie.

Und ich.

Wir alle schalten nämlich um, wenn sich 70 Prozent des TV-Bildschirms nicht bewegen. Das ist die Ursache dafür, dass in Serien alle zwei Sätze der Dialog mit einem Schnitt wechselt, das ist die Ursache dafür, dass die alte Tante Tagesschau inzwischen auch komplett im Hintergrund animiert wird, das ist die Ursache dafür, dass BILD TV nicht einfach nur einen sprechenden Kopf von Paul Ronzheimer zeigen kann,[126] sondern den Rest des Bildes mit Bewegtbild füllen muss. Sie erkennen es daran, dass sich bei Krisenlagen oftmals die Bilder in den Kästen neben den sprechenden Köpfen wiederholen.[127] Und es wird oft von groß auf klein umgeschaltet, was die Köpfe der Reporterteams betrifft, damit die Bilder vom Krieg, von Überschwemmungen oder von der Polizeiabsperrung bei einer Geiselnahme eine größere Fläche auf dem Bildschirm einnehmen. Das unterstreicht keineswegs den Nachrichtenfaktor, denn der kommt frischer und aktueller von den Talking Heads. Aber es hält Sie und mich bei der Stange. Wir schalten nicht mehr um.

Das bedeutet nicht, dass BILD den Fehler einfach so abtun kann. Man hat unmittelbar danach auch die Abläufe in der Redaktion verändert, zusätzliche Sicherheitsmechanismen eingebaut, mehr Kontrolle. Mehr Sorgfalt vor Schnelligkeit. Aber wenn man das größte und lauteste Medienaus Europas ist, dann ist auch der Widerhall lauter, wenn etwas schief geht. Oder wie BILD-Chefreporter Peter Tiede (damals Moskau) es auf den Punkt brachte: *„Wenn es leise ist, ist der Boulevard leiser und wenn es laut ist, ist der Boulevard lauter."*[128]

Einem TV-Sender wurden Star-Wars-Aufnahmen aus einem Commercial als Absturz eines russischen Flugzeugs über der Ukraine untergeschoben. Wenn man das auf einer Vortragsveranstaltung in 2,5 x 4 Metern Größe auf der Leinwand sieht, lacht man sich darüber schlapp. Aber sichten Sie derartiges Material auf einem 11 Zoll-Monitor sowie

126 Im TV-Jargon „Talking Head" oder „Aufsager" genannt.

127 Die Bilder laufen in einem „Loop".

128 Interview über journalistische Zensur in Moskau zu Beginn des Ukraine-Kriegs auf meinem YouTube-Kanal. Das Interview stammt aus einem Webtalk der Friedrich-Naumann-Stiftung.

unter dem Druck, den eine Redaktion während eines Krieges hat und erhalten das Material unter Umständen vorher noch angekündigt als „Abschuss russisches Flugzeug über der Ukraine". Dann sichten Sie bereits in diesem gedanklichen Frame. Und wer war heute schon noch vor seiner Zeit in der Redaktion bei der Bundeswehr und hat zumindest mal ein paar militärische Grundkenntnisse mitbekommen? Ich war vier Jahre bei der Bundeswehr[129] und habe keine Ahnung von Panzern, Panzerfahrzeugen, gepanzerten Fahrzeugen, Luftabwehrpanzern, Schützenpanzern usw. Ich fange dort auch bei leicht erhöhtem Nullwert an und muss mich einarbeiten. Ich hatte noch nicht einmal auf dem Zettel, dass die Panzer bei uns durchgängig nach Raubkatzen benannt werden.

Erwarten Sie auch nicht, dass Nachrichtenredaktionen zu jedem Fachbereich die entsprechende Personaldecke vorweisen können. Keine Nachrichtenredaktion kann exakt wissen, ob bei der nächsten Schicht zum Beispiel ein Flugsicherheitsexperte gefragt ist, weil eine Passagiermaschine abstürzt oder eher ein Reptilienexperte benötigt wird, weil im Ruhrgebiet jemand seinen Hausalligator aus den Augen verloren hat. Beim Absturz der Germanwings Maschine 4U 9525 über den französischen Alpen war es ein RTL Aktuell-Redakteur mit Hobbypilotenschein, der als einer der ersten von einem „kontrollierten Sinkflug" gesprochen hatte, was sich später bei der Selbstmordtheorie bestätigt hatte, nachdem die Flugschreiber ausgewertet worden waren. Zunächst hatte man RTL dafür belächelt. Aber selbst wenn der Kollege nur eine Cessna fliegt oder was anderes Kleines – so kann er doch die Flugdaten besser analysieren als ein Tom Buschardt, der sich besser mit der Klassischen Moderne auskennt und dafür einen Max Ernst von einem Hans Arp unterscheiden kann, was in einer Nachrichtenredaktion jedoch selten nützlich ist.

Hier kann es wiederum auf Sie als **Expertin** ankommen. Sprechen Sie klar und strukturiert? Ergeben Ihre Botschaften für das Medium einen echten Mehrwert? Sind Sie für Laien verständlich? Trifft all dies zu, verlieren Sie bitte Ihr Ziel nicht aus den Augen:

Wer antwortet, führt.

Es nutzt Ihnen und Ihrer Organisation recht wenig, wenn Sie lediglich klar und verständlich zu Sachverhalten sprechen. Natürlich gewinnen Sie hierdurch an Renommee und können sich der Wertschätzung als qualifizierte Interviewpartnerin sicher sein. Wenn dem so ist, dann legen Sie bitte auch fest, was die **Inhalte** und **Ziele** sind, die Ihnen und Ihrer Organisation entsprechend nutzen und loten aus, was in den Medien vermittel- und durchsetzbar ist. Bedenken Sie, dass Medien nur etwas von Ihnen zitieren können, was von Ihnen auch gesagt wurde. Die Gewichtung, die von Ihnen vorgenommen wird, ist für Medien nicht bindend. Hier geht es nach Interessenslage, Nachrichtenwert oder

129 Pressezentrum Luftwaffe u.a. während des Flugunglücks von Ramstein mit 70 Toten. Eine meiner ersten Krisenkommunikations-Erfahrungen.

politischer Ausrichtung des Mediums. Das kann sich mit Ihren Interessen decken – muss es aber nicht.

Grundsätzlich gesehen haben Medien definitiv ein Qualitätsproblem. Nicht nur in Deutschland, nicht erst seit gestern. Sie haben es ebenfalls nicht erst seit der Corona-Pandemie und den Verfehlungen der rbb-Intendantin Schlesinger,[130] die eine ganze Lawine innerhalb von ARD und ZDF losgetreten hat.

Der Qualitäts-Schwelbrand in den Redaktionen glimmt folglich schon länger und das Sterben von Regionaltiteln (die ideale Verbindung zwischen lokaler Kompetenz und Attraktivität verbunden mit Bundes- und Weltpolitik) trägt seinen Teil dazu bei. Ausdünnung des Personals, Zusammenlegung von Redaktionen (im Lokalen sogar ehemals konkurrierender Redaktionen – und wir alle wissen, was passiert, wenn Konkurrenz ausbleibt), die ständige Umstrukturierung von Medien zu Medienmarken und Medienhäusern, der fulminante Start von BILD TV und der ebenso fulminante Crash nach den Chefredakteurswechseln. Das ständige Herumdoktern an Abo-Modellen, die mangelnde Bereitschaft, auch einen Tagespass online anzubieten, stattdessen aber mit vier Wochen Gratisabo zu locken, wenn man nur mal eben eine Ausgabe lesen möchte (und bereit wäre, dafür zu bezahlen). Absoluter Irrsinn: Für die Einzelausgabe einer Tageszeitung konnte ich keinen Tagespass lösen, bekam die Zeitung aber über einen App-Anbieter sehr wohl einzeln zu kaufen (= weniger Marge für die Zeitung), um sie dann vom Leserservice des Mediums einige Tage später doch kostenlos per Post zu erhalten – wie irre ist das denn?

Medienkompetenz muss in allen Richtungen Kraft entfalten: Medien müssen wieder kompetenter werden. Süße, kleine Igel-Babys überlassen wir den Usern von Instagram und konzentrieren uns auf klassische Berichterstattung, Einordnung politischer Ereignisse, kritische Kommentierung und vor allem investigative Recherchen, die letztlich zu wichtigen gesellschaftlichen Veränderungen führen. Wir User dagegen müssen zunächst einmal lernen, unsere Emotionen im Zaum zu halten. Nicht direkt auf jedes Internet-schnippselchen reagieren zu müssen und die Erfahrung zu machen, dass große Emotion (zuweilen frei jeglicher Faktenlage) uns zwar Likes und digital-soziale Anerkennung verschafft – uns aber auch innerhalb weniger Sekunden öffentlich als Idioten abstempeln kann. In der Schule arbeite ich mit dem Merksatz: „Du kannst der Coolste sein, der als erster etwas in die Gruppe postet – du kannst aber auch im selben Moment der größte Idiot sein, der Fakes weiterverbreitet." – Manche geben mir anschließend die Rückmeldung, dass sie langsamer geworden seien in der Bewertung von Inhalten.

Und das ist gut.

---

130 Externer Bericht zu Affäre Schlesinger – Kanzlei sagt Teilnahme an Rundfunkratssitzung zu. Tagesspiegel vom 27.2.2023, https://www.tagesspiegel.de/kultur/externer-bericht-zur-affare-schlesinger-rbb-rundfunkrat-verliert-die-geduld-9422057.html.

10. Live-Gesprächskontrolle: Ich. Ich. Ich.

Oft passiert es uns, und ich nehme mich hier ausdrücklich nicht aus, dass wir uns nach einem Gespräch, einem Interview, einer Unterhaltung am Messestand, einem kontrovers geführten Meeting oder ähnlich einer gelagerten Kommunikation fragen, warum es am Ende nicht genau so gelaufen ist, wie wir es gerne gehabt hätten. Warum wir Fragen auf eine Art und Weise beantwortet haben, die in der Nachbetrachtung weder für uns noch für die Organisation, für die wir tätig sind, vorteilhaft sind. Warum unsere Antworten weitere Fragen aufwerfen, die wir nur ungern beantworten oder die unsere Aussagen in ihrer Aussagekraft relativieren. Warum unsere Antworten negative Berichte in anderen Medien nach sich ziehen oder wir in sozialen Netzwerken eher einer emotional geführten Debatte ausgesetzt sind – als dass sich mal jemand ernsthaft mit unseren **Fachargumenten** auseinandersetzt und wir dort wieder Boden unter die Füße bekommen.

Ich. Ich. Ich. Das liest sich vermutlich für Sie nicht unbedingt konstruktiv auf den ersten Blick.

Ist es aber, wenn wir uns die drei Ichs etwas genauer anschauen. Die Frage, die wir uns in jeder Kommunikation zunächst stellen und dann auch beantworten müssen lautet: Ist es für ***mich*** in Ordnung, wie das Gespräch verläuft? Unser erstes „Ich". Dann schauen wir uns die nächste Frage an: Ist es für ***meine Inhalte*** in Ordnung, wie das Gespräch verläuft? Unser zweites „Ich". Und schließlich mit Blick auf das große Ganze: Ist es für ***meine Organisation*** in Ordnung, wie das Gespräch soeben verläuft? Unser drittes „Ich". Oder, wenn Sie es gerne im Trainer-Sprech lesen möchten: Prüfe Dein **Eigen-Ich**, Dein **faktisches Ich** und Dein **übergeordnetes Ich**. Mir ist lieber: **Ich. Ich. Ich.** Das ist hemdsärmeliger – aber konkreter.

Wenn Ihnen eines Ihrer drei Ichs zurückmeldet: „Ich bin mir nicht so ganz sicher" – dann müssen Sie im laufenden Gespräch die Situation verändern. Das machen wir mit den entsprechenden **rhetorischen Stilmitteln**, die in diesem Buch bereits angesprochen wurden und die noch angesprochen werden.

10.1 Fragetechnik gibt Struktur

Ich gehe weiterhin von der These aus: Wer fragt gibt Struktur, wer antwortet, führt. Als Gegenstrategie, wenn wir die Situation für uns verändern (im Grunde genommen: verbessern!) möchten, hilft neben der **Fokussierung** auf **klare Antwortziele**, die zuvor konzipiert wurden, natürlich eine **Fragetechnik**. Die der **Gegenfrage** beispielsweise. Fragen Sie jedoch bitte nicht: *„Können Sie die Frage bitte noch einmal stellen?"*, sondern offener, damit Sie Ihr Gegenüber in die Defensive bringen und zum Umdenken anregen: *„Worauf wollen Sie mit Ihrer Frage hinaus?"*. Selbst wenn Sie ganz genau zu wissen glauben, worauf die Frage abzielt, so können Sie sich damit etwas **Zeit** verschaffen, den Interviewenden etwas aus dem Rhythmus bringen und sich in Ruhe Ihre **Formulierung** überlegen. Man braucht in unserer Kommunikation dafür im Normalfall nicht mehrere Minuten. Das machen wir im Vorfeld der Kommunikation, nicht während des Interviews, wo es im Prinzip nur noch um Detailaspekte unserer Vorbereitung gehen sollte. Unser Gehirn ist darauf trainiert, in kurzer Zeit Gedanken zu entwickeln und auch Entscheidungen zu treffen. Manche sind falsch – aber das ist nun mal so, angesichts der unzähligen Entscheidungen, die wir vom Aufstehen übers Autofahren und viele andere Alltagssituationen ohnehin in Millisekunden treffen.

10.2 Keine Ahnung? Kein Problem!

Nehmen wir an, auch bei der wiederholten Neuformulierung der Frage haben wir keine Ahnung, was jemand von uns will. Es kann (!) sein, dass wir der einzige Mensch unter 83 Millionen Bundesbürgern sind, der in diesem Augenblick auf der Leitung steht. Deshalb antworten wir nicht einfach an der Frage vorbei in guter Absicht, schon irgendetwas Richtiges dabei zu sagen, sondern wir schicken der Frage eine **interpretierende Antwort** vorweg. Denn schließlich melden uns in diesem Augenblick alle drei Ichs: „Für mich passt das im Augenblick nicht so." Eine Formulierung könnte beispielsweise sein:

„Ah. Wenn ich Sie richtig verstehe, dass Sie mit Ihrer Frage darauf hinauswollen wie [Thema], dann kann ich Ihnen dazu sagen, dass..."

Praxistipp

*Wichtig ist, dass Sie zwischen Abschluss der Frageninterpretation und Beginn der Antwort **keine nennenswerte Pause** machen, in der ein Interviewer darauf kommen könnte, Ihnen dazu eine Antwort zu geben, ob die Interpretation korrekt wäre oder nicht. Dann entsteht an dieser Stelle ein Bruch in der Kommunikation, es wird verneint, dass Ihre Interpretation richtig sei und Sie hängen wieder an derselben Stelle im Interview fest. Das muss **schnell** gehen und **zügig** formuliert werden.*

10.3 Klar, aber unangenehm!

Natürlich können Sie diese Technik auch sparsam als **Joker** einsetzen. Beispielsweise wenn die Frage extrem unangenehm ist, aber nicht ganz präzise formuliert wurde. Damit deuten Sie die Frage um. Wichtig ist, dass Sie eine nachvollziehbare und plausible Antwort geben.

Sie profitieren hier von der Tatsache, dass Sie zwar mit dem Interviewenden Menschen kommunizieren, die zuhörenden Menschen jedoch noch nicht miteinander kommuniziert haben. Das bedeutet: Wenn beispielsweise 200 Menschen im Saal Ihren Antworten zuhören und Sie formulieren:

> *„Ah. Wenn ich Sie richtig verstehe, dass Sie mit Ihrer Frage darauf hinauswollen wie [Thema], dann kann ich Ihnen dazu sagen, dass…"*

dann hat das Publikum noch nicht aktiv miteinander kommuniziert. Wenn von diesen 200 tatsächlich 200 die Frage so interpretiert haben, wie es der Fragende gemeint hat, so wird die Reaktion dennoch eine andere sein – zu Ihren Gunsten. Das jedoch nur, wenn Ihre Antwort **zügig** kommt und eine entsprechende **Überzeugungskraft** entfaltet. Im Optimalfall denken in diesem Augenblick 200 Menschen dasselbe: *„Ich habe die Frage zwar anders verstanden, aber so wie sie die Frage verstanden hat, hat sie eine vernünftige Antwort gegeben."* In meinen Live-Sendungen habe ich – sofern es der journalistischen Ausrichtung des Interviews und der Berichterstattung nicht abträglich war – meinen Gästen durchaus solche Tricks (ob bewusst oder unbewusst angewendet) durchgehen lassen.

Ich war nicht immer top vorbereitet, das ist bei mehreren tausend Sendungen, die ich alleine in einem ARD-Sender moderiert habe (zzgl. Privatradios), überhaupt nicht möglich. In solchen Situationen war ich schon froh darüber, dass mich mit dieser Technik ein Interviewgast wieder aus meiner Sackgasse herausgelöst hat, in die ich mich kurz zuvor noch reinmoderiert hatte.

11. Gute und schlechte Emotionalisierung

Wenn ich meinen Coachees sage: *„Bereiten Sie sich nicht auf die Fragen von Medien vor"*, dann freuen sich zunächst alle (außer der PR-Agentur, wenn sie mit am Tisch sitzt – aber die wird vorher eingeweiht), denn es klingt nach weniger Arbeit. Das ist nicht ganz korrekt, denn ich habe nicht davon gesprochen, dass keine Vorbereitung stattfinden sollte. Im Gegenteil. Wer jedoch fachlich sehr versiert ist, der hat mit meinem System tatsächlich weniger Arbeit. Gehen wir es einmal Schritt für Schritt durch.

Sie erfahren von Ihrer Kommunikationschefin, dass ein Medium wegen eines Interviews angefragt hat. Ihr erster Impuls: *„Welche Fragen haben die denn? Was wollen die von mir im Gespräch wissen?"* Im Anschluss an diese Fragen, wird das Medium in der Regel aufgefordert, seine Fragen vorher einzureichen, weil man schließlich dann seine Vorbereitung anschieben kann. Das ist nachvollziehbar und verständlich – aber **falsch**. Was passiert denn anschließend? Das Medium weiß jetzt, dass Sie den Redaktionsschluss zur Interviewvorbereitung vorverlegen, es weiß, dass Sie nun von der Kommunikationschefin (oder bei ganz wichtigen Themen und Medien sogar von einem Coach) auf eine derartige Interviewsituation vorbereitet werden. Technisch (wenn es beispielsweise um einen TV-Auftritt geht), aber auch inhaltlich, wenn der Coach seinen Job ernst nimmt und sich nicht auf Mimik, Gestik, Stimme und Körpersprache reduziert.

Da das Medium nun weiß, dass Sie die Fragen ein paar Tage vorher haben und sich darauf vorbereiten werden, muss man entweder investigativ unabgesprochene Fragen beimischen oder die eigene Erwartungshaltung bereits senken, denn man kann anhand des Workflows bereits erkennen, dass das eigentliche Interview nur noch eine Formsache ist. Ein „gespieltes Interview" sozusagen, da vorher bereits alles abgestimmt und vorbereitet wurde.

Das kann man so machen – und bei zahlreichen Branchen- und Fachmedien ist das auch so üblich. Es gibt einen Journalisten vom Handelsblatt, der sich auf solche Abstimmungen grundsätzlich nicht einlässt und dessen reine Nennung seines Namens bereits im Vorfeld für angespannte Gesichter sorgt. Dabei arbeitet er nur professionell, nach journalistischen Standards und ist ein wenig sperriger als so manch andere(r) Kollege oder Kollegin. Wenn Journalisten hart am Wind segeln, gut vorbereitet in derartige Gespräche hineingehen und sich aber fair verhalten – wo ist dann das Problem? Sie selbst haben es doch auch in der Hand, wie sehr Sie sich auf die Inhalte aus Ihrem Fachgebiet konzentrieren und wieviel Geld und Ressourcen Sie darauf verwenden.

Einer der von mir betreuten CEOs musste eine 20minütige Keynote halten. Es war aber nicht irgendeine Keynote, sondern in dieser Phase seiner beruflichen Laufbahn die wichtigste Rede, die er halten würde. Wir haben über mehrere Wochen verteilt gute drei Tage Coaching (inhaltlich wie auch in der Performance) investiert. Das Narrativ wurde verändert, komplett auf ihn und seine **Fähigkeiten**, wie auch auf die **Bedürfnisse seiner**

Zielperson zugeschnitten. Alles sollte spontan und lässig wirken – und war dennoch komplett choreografiert. Zu guter Letzt haben wir ihm noch eine Fallback-Option auf der Bühne installiert, die niemand im Saal als solche erkennen konnte. Gewissermaßen ein **interaktiver Spickzettel**. Es war eine Freude ihm bei seiner Performance zuzuschauen. Natürlich ist es aufwändig, kostet Zeit und Energie – und natürlich auch Reisekosten und Tagessätze fürs Coaching.

Die Frage ist jedoch: Was ist die Alternative? Niemand geht ernsthaft unvorbereitet in eine Verhandlung mit Banken, Investoren oder Geschäftspartnern. Aber in ein Interview? In eine Bühnenpräsentation? – Das kommt häufiger vor, als Sie denken. Man sollte es nicht annehmen, aber dadurch, dass Führungskräfte jederzeit zu jedem Thema in der Kommunikation sind, entsteht der Eindruck, man könne das auch auf eine Performance im Interview oder einer PowerPoint-Präsentation abrufen. Es gibt Menschen, die das können. Aber es sind wenige.

Zurück zum Interview und den Fragen: Was passiert denn auf Ihrer Seite, wenn Sie die Fragen sehen?

Sie versuchen anhand der Fragen die **Themenaspekte** einzugrenzen, um die es beim Interview gehen wird. Wenn allgemein „Rückblick Geschäftsjahr und Ausblick aufs nächste" angefragt wird, kann es um dutzende verschiedene Themenbereiche gehen. Personal, Fusionen, Übernahmen, neue Produkte, Verlagerung der Produktion in andere Länder, Aktiendividenden, Neuausrichtungen im Kerngeschäft, Umweltaspekte, Nachhaltigkeitsstrategien und vieles mehr.

Warum kürzen wir das Ganze nicht ab und fragen bei dem Medium an: Welche **Teilaspekte/Themenfelder** möchten Sie denn ansprechen?

Das führt dazu, dass man **grob** informiert wird: Energiesparte und Standort – beispielsweise. Darauf bereiten Sie sich dann im Schwerpunkt vor. Das bedeutet: Sie müssen nicht hin und her interpretieren, es gibt **weniger Missverständnisse** – aber auch **mehr gefühlte redaktionelle Freiheit** für das Medium, mit dem Sie letztlich kommunizieren werden. Und machen wir uns nichts vor: Es geht bei Ihrer Kommunikation doch gar nicht darum, mit ausgerechnet diesem Medium zu sprechen. Selbst wenn es in Führungskreisen sehr wohl eine Bedeutung hat, wer mit den A-Medien spricht und wer maximal zu den B- oder C-Medien vordringt mit seinen Themen. Letztlich ist für Sie die Reichweite des Mediums entscheidend. Seine Bedeutung bei Ihren Geschäftspartnern beispielsweise. Dabei dürfen wir uns nicht von persönlichen Vorlieben leiten lassen, sondern müssen sehr pragmatisch vorgehen.

11.1 Praxisbeispiel: Drosten vs. BILD

Nehmen wir als Beispiel Professor Dr. Christian Drosten, Leiter der Charité, und die Zeit der Corona-Pandemie. Zu dieser Zeit war Drosten einer der Top-Virologen in Deutschland, der fast täglich in den Medien präsent war. Der Medienrummel ist für einen Wissenschaftler nicht unbedingt angenehm und etwas, mit dem er sich auskennt. Die Medien hatten in ihm einen Star gefunden, der charmant erklärte und nebenbei auch gut aussah. Einige Medien verglichen ihn zum Beispiel mit dem frühen Jeff Goldblum. Drosten war dieser Kult unangenehm, was er auch mehrmals öffentlich äußerte. Aber ihm fehlte die Erfahrung im Umgang mit den Medien und er schien anfangs auch nicht immer gut beraten gewesen zu sein. Inzwischen hat sich die Kommunikation der Charité deutlich verbessert und ist noch professioneller geworden. Drosten tat sich schwer damit, dass es ihn nun als Räuchermännchen[131] im Weihnachtsgeschäft gab oder mit anderen Auswüchsen. Drosten drohte mit Rückzug aus der öffentlichen Kommunikation und lieferte sich einen Eklat mit der BILD-Zeitung. Das Blatt hatte Drosten mit Vorwürfen gegen seine Forschung konfrontieren wollen und bat innerhalb einer Frist von wenigen Stunden um eine Stellungnahme. Das ist im Journalismus ein ganz normaler Vorgang.

Ich selbst hatte in einer Kunden-Krisenkommunikation für eine ganze Reihe von Vorwürfen, die das Boulevardmagazin „RTL Explosiv" gegen meinen Auftraggeber erhob, immerhin 90 Minuten Frist gesetzt bekommen. Ich erläuterte dem Sender, dass wir uns zu den Vorwürfen öffentlich vor der Kamera äußern würden, allerdings für die Recherche der Hintergründe noch Zeit benötigen und das unmöglich innerhalb von eineinhalb Stunden zu schaffen wäre. Mit dieser Reaktion – so erfuhr ich hinterher von dem Redakteur – hatte man nicht gerechnet. Und man räumte uns satte vier Tage zur Aufbereitung der Vorwürfe ein, von denen wir letztlich gut 90 Prozent auch entkräften konnten.

Ob die BILD Professor Drosten einen derartig großzügigen Spielraum eingeräumt hätte, wage ich zu bezweifeln. Aber etwas geht immer – man muss nur miteinander sprechen.

Und genau das hatte Drosten nicht getan.

Stattdessen veröffentlichte er auf Twitter die Mail des Redakteurs Filipp Piatov[132] sowie dessen private Mobilfunknummer, die er Drosten als Rückrufoption mitgeteilt hatte. Kerntenor des (inzwischen gelöschten) Drosten-Tweets: *„Ich habe Wichtigeres zu tun, als der Bildzeitung solche Fragen zu beantworten"*. Das führte auf Seiten des Redakteurs zu erheblichem Telefonaufkommen auf seiner Mobilnummer mit zahlreichen emotionalen Reaktionen der Anti-BILD-Fraktion in Deutschland. Nach einer Intervention des damaligen BILD-Chefredakteurs Julian Reichelt bei der Charité löschte Drosten diesen Tweet – um ihn kurze Zeit später wieder online zu stellen. Diesmal OHNE die Mobilnum-

131 In Erzgebirge-Qualität für 89 Euro (in der Post-Pandemie für 62 Euro) zu erwerben.
132 Im Ressort „Politik" verantwortlich für „Debatte und Meinung".

mer des Redakteurs. Das Drosten-Argument, er habe keine Zeit für so etwas, ist damit widerlegt, denn er hatte immerhin die Zeit für den ersten Tweet, die Intervention durch den BILD-Chefredakteur und die Zeit für einen zweiten Tweet in dieser Angelegenheit.

Offenbar, so heißt es hinter vorgehaltener Hand aus Kreisen der Charité, waren Drosten die Medienmechanismen nicht so vertraut. Im Grunde genommen ein einfaches Missverständnis. Er kann doch schreiben: *„Innerhalb der gestellten Frist ist eine Antwort nicht möglich, aber ich stehe Ihnen gerne ab* [konkrete Zeitspanne nennen] *zur Verfügung."* In der Regel räumt ein Medium – insbesondere bei der Bedeutung und Popularität von Professor Drosten in der Öffentlichkeit – eine faire Zeitspanne ein. Nur in ganz seltenen Fällen weichen Medien meiner Erfahrung nach davon wesentlich ab.

Machen Sie sich selbst ein Bild von der BILD-Anfrage und der Reaktion von Professor Drosten. Hier sein zweiter Tweet im Original[133]:

> *„Interessant. Die #Bild plant eine tendenziöse Berichterstattung und bemüht dabei Zitatfetzen von Wissenschaftlern ohne Zusammenhang. Ich soll innerhalb einer Stunde Stellung nehmen. Ich habe Besseres zu tun."*

Dabei waren die Fragen, die der Kollege Piatov an den Pandemie-Experten gegeben hat, durchaus normal und keineswegs tendenziell formuliert. Es waren drei Stück:

- *„Stehen Sie weiterhin zu den Methoden und der Aussagekraft der Studie?"*
- *„Haben Sie die Kritik bereits mit den anderen Autoren Ihrer Studie diskutiert?"*
- *„Seit wann ist Ihnen bekannt, dass es ernstzunehmende Kritik an Ihrer Studie gibt?"*

Eingeführt hatte Piatov seine Mail mit

> *„Wir berichten über die Kritik mehrerer Wissenschaftler an Ihrer Studie über die Viruskonzentration bei verschiedenen Altersgruppen. Dazu bitte ich Sie um eine kurzfristige Stellungnahme* ***bis heute um 16 Uhr.****"*[134]

Seine Mail ist um Punkt 15 Uhr verschickt worden. Es stimmt also: Die BILD wollte von Prof. Drosten innerhalb von 60 Minuten eine Stellungnahme zu diesem etwas komplexen Vorgang. Garniert war die Mail mit kritischen Aussagen anderer Wissenschaftler. Mal abgesehen davon, dass man die Fragen 1 und 2 mit einer geschlossenen Ja/Nein-Antwort beantworten könnte, sind die drei Fragen absolut moderat und journalistisch korrekt formuliert. Es mag sein, dass die Berichterstattung tendenziös aus Drostens Sicht hätte sein können – aber wissen kann er es zu dem Zeitpunkt, zu dem er den Vorwurf erhebt, definitiv nicht. Die reinen Fakten lassen eine derartige Bewertung nicht zu.

---

133 25.5.2020, 17.00 Uhr.

134 Hervorhebungen wie im Original.

Wenn man Erfahrung mit den Abläufen in einer Redaktion hat, dann weiß man, dass es ab 16 Uhr für eine Printausgabe unter Umständen knapp wird. Der Andruck erfolgt bereits am Abend (nicht erst in der Nacht), auch gibt es im Print sowohl eine Frühausgabe (eventuell Andruck gegen 19 Uhr) und einer Spätausgabe (eventuell Andruck gegen 21/22 Uhr, beispielsweise von Vorteil zur Mitnahme von Sportergebnissen der Abendspiele). Der BILD-Redakteur hatte also nichts anderes gemacht als zu überlegen, was für ihn am sinnvollsten im Redaktionsablauf wäre und das entsprechend in ein für ihn passendes Zeitkorsett gebracht. Wenn Drosten das in 60 Minuten nicht schafft, dann findet ein Medium wie BILD mit Sicherheit eine andere Lösung, die passt. Man muss halt nur miteinander sprechen und wissen, wie Medien arbeiten und funktionieren. Dabei hilft es natürlich, wenn man weiß, **wie die Arbeit der Gegenseite funktioniert**.

Meiner Ansicht nach wird beim Fall „Drosten gegen BILD" jedoch noch ein wichtiger Aspekt sichtbar: Die eigene **Medienvorliebe**. Machen wir uns nichts vor: Kaum jemand von Ihnen würde zugeben, die BILD gerne zu lesen oder im persönlichen Gespräch an exponierter Stelle auf diesen Medienkonsum hinweisen. Allerdings vergleichen wir die BILD gerne mit der FAZ, der Süddeutschen Zeitung und anderen Medien, die so gar nichts mit dem Boulevard zu tun haben. Genauso gut könnten Sie eine Ölraffinerie mit Apfelmus vergleichen und dann urteilen: „Apfelmus ist aber süß und lecker und vor allem nicht so umweltschädlich". Das mag sein. Aber Sie vergleichen mit BILD und FAZ zwei komplett unterschiedliche Arten von Journalismus. Vergleichen Sie die FAZ mit der Süddeutschen und die BILD mit der MOPO, der BZ oder dem Express. Selbst Äpfel und Birnen können Sie leichter miteinander vergleichen – denn beides ist Obst. Aber Boulevard-Journalismus und Qualitätsjournalismus haben nur gemeinsam, dass sie aus Buchstaben und Bildern bestehen. Mehr nicht.

Ferner müsste Drosten sich fragen, wer die Zielgruppe eines Virus ist: Alle. Folglich braucht er nicht den Intellekt eines NDR-Wissenschafts-Podcast, sondern Reichweite, Reichweite, Reichweite. Und unabhängig von den Auflagenrückgängen, denen auch die BILD ausgesetzt ist, handelt es sich hier um das größte Medienhaus Europas und eines der reichweitenstärksten Medien der Welt. Wenn ich folglich in einer dynamischen Pandemie eine breit angelegte Kommunikation brauche, um viele Menschen zu erreichen, dann darf ich dies nicht davon abhängig machen, ob mir das Medium genehm ist, oder nicht.

Und selbst für den Fall, dass die Fragen verbunden mit der von anderen Wissenschaftlern zitierten Kritik in der Mail von Filipp Piatov, dennoch Zündstoff und Vorwürfe enthalten (es fällt mir schwer, das aus DIESEN Fragen herauszulesen), so müsste einem Interviewpartner doch klar sein, dass man vollkommen frei in seinen Antworten ist:

Wer antwortet, führt.

11.2 Nerven behalten mit Ent-Emotionalisieren

Um dieses Führen auch umsetzen zu können, müssen wir Fragen zunächst **ent-emotionalisieren**. Manchmal werden Fragen auch so formuliert, damit sie im Live-Interview mehr Aufmerksamkeit erlangen und damit letztlich den Fokus verstärkt auf den Gesprächspartner lenken. Ich gebe Ihnen ein paar Beispiele:

1. *„Wie läuft es denn so bei Ihnen?"*
2. *„Bei dem, was man so hört, haben Sie derzeit Probleme mit Ihrem Geschäft?"*
3. *„Wir haben erfahren, dass ernste Zeiten auf Sie zukommen werden. Wie gehen Sie damit um?"*
4. *„Sind Sie als Geschäftsführer angesichts des Marktumfeldes überhaupt noch Herr des Verfahrens?"*
5. *„Was schätzen Sie: Wie lange dauert es noch, bis Sie Insolvenz anmelden müssten?"*
6. *„Kreisen bei Ihnen bereits die Geier über dem Werk?"*

Wenn Sie die Fragen lesen, dann werden diese bei Ihnen unterschiedliche Emotionen ausgelöst haben. Stellen Sie sich vor, derartige Fragen in einem Interview beantworten zu müssen.

In der Regel reagieren wir auf die etwas knusprigeren Formulierungen in den Versionen vier, fünf und sechs mit **innerer Ablehnung**, eventuell sogar mit **Wut**. Das verkürzt natürlich den Blick auf den Sachverhalt, denn dass es Ihrem Unternehmen gerade den Hagel von vorne ins Gesicht weht – das sollten Sie in der Geschäftsleitung mitbekommen haben. Falls mit der Firma alles gut läuft, können Sie die Vorwürfe schnell zurückweisen, beschäftigen sich nicht weiter mit der Emotion und begründen auf der **Sachebene**, warum die Darstellung falsch ist. Wenn Sie an der **Börse** notiert sind und demnächst der Handel wieder beginnt, ziehen Sie bitte eine entsprechend auf **Börsenkommunikation** spezialisierte Agentur und entsprechende **Rechtsberatung** hinzu.

Aber haben Sie erkannt, dass alle sechs Fragen – trotz komplett unterschiedlicher Formulierungen – alle **denselben Kern** haben? Der Kern, der in jeder Frage steckt, lautet: *„Was haben Sie zur aktuellen Situation in Ihrer Firma zu sagen?"*

Inhaltlich gehen Sie jetzt wie folgt vor: Sie ent-emotionalisieren die jeweilige Frage (egal in welcher der sechs Versionen), behalten einen kühlen Kopf, weil Sie schließlich genau wissen, was Sie zur Lage Ihrer Firma wissen – und was Sie davon öffentlich äußern sollten und was nicht.

Stellen Sie sich Ihre Teil-Themen zum Business wie eine **Kuchengrafik** vor. In jedem **Tortenstück** liegen die **Detailinformationen**: zum Standort, zum Geschäftsfeld, zu neuen Projekten und Produkten, zur Belegschaft, zur eigenen, persönlichen Sicht auf die Dinge, der Gesetzeslage, zum Insolvenzrecht (sofern notwendig), zur Kundenstruktur, zur Expansion in andere Märkte, zur Abhängigkeit von Rohstoffen und zu vielem mehr. Somit brauchen Sie nur in die entsprechende Markierung in Ihrer Tortengrafik langen und können liefern.

In der Antwort machen Sie nun genau das Gegenteil: Sie packen **konstruktive Emotionen** in Ihre Aussage hinein.

Wenn Sie das konsequent trainieren, sich dabei im Bedarfsfall auch von einem erfahrenen Berater inhaltlich begleiten und weiterentwickeln lassen, dann

- haben Sie stets einen klaren Kopf
- wirken Sie in der Regel deeskalierend
- gewinnen Sie auch Sympathien des Publikums zurück
- können Sie sich auf den nächsten Vorwurf im Interview gelassen vorbereiten, während Sie sprechen
- können Sie führen, wenn Sie antworten.

Vielleicht hat Ihr Körper angesichts eines derartigen Gesprächsverlaufes auch wieder etwas Dopamin produziert, das er für Sie ausschütten kann. Keine schlechte Situation für jemanden, der in Bedrängnis gerät. Beachten Sie bitte, dass die Medien nicht schuld daran haben, dass man Ihnen derartige Fragen stellt. Ohne Krise im Unternehmen, ohne die Sorgen von Belegschaft und Gewerkschaft um die Zukunft von Standort und Arbeitsplätzen, müssten Sie derartige Fragen auch nicht beantworten.

Zu Ihrer Einordnung: Die Formulierungen in den Frageentwürfen zwei bis fünf wären für mich in einer Live-Sendung[135] ein vollkommen normaler Einstieg. Sie müssen bitte unterscheiden, wie glaubwürdig und unglaubwürdig Ihre Kommunikation wirkt, wenn man die Fragen so stellt, wie eine unkritische Hochglanzbroschüre aus der Unternehmenskommunikation: *„Sie haben ja in der Vergangenheit wirklich Großartiges geleistet. Wie kann es denn dann sein, beziehungsweise wie erklären Sie sich, dass bei leicht kritischer Betrachtung der jüngsten Entwicklung, diese Entwicklung in der jüngsten Zeit als nicht ganz so optimal oder vergleichbar angesehen wird?"* Dann doch lieber derselbe Kern etwas knuspriger: *„Sie fahren hier doch gerade das Unternehmen an die Wand, oder etwa nicht?"*

Die Frage gibt dem Gespräch Struktur. Aber letztlich ist derjenige, der antwortet, welcher führt.

135 Ich habe auch Wirtschaftssendungen im ARD-Hörfunk moderiert.

11.3 Beispiele

Eine Anekdote aus meiner Zeit als Agentur-Chef: Meine Mitarbeitenden hatten von einem Fachmedium die Fragen für ein Interview geschickt bekommen, das schriftlich geführt werden sollte (deshalb auch nicht die Themen, sondern die Fragen in einer Mail an uns). Natürlich machten wir es wie alle anderen PR-Agenturen auch und entwickelten dazu die entsprechenden Antworten. In diesem Fall entschied sich die zuständige Beraterin eher für die Schnelligkeit, wollte beim Kunden einen guten Eindruck hinterlassen und schrieb dazu: *„Das sind schon mal die Fragen, die soeben reingekommen sind und wir liefern bis morgen die entsprechenden Antwortvorschläge"*. Das wäre nicht nötig gewesen und es wäre auch besser gewesen, es nicht zu tun. Der Kunde eskalierte innerhalb weniger Minuten und beschwerte sich bei mir (der die Fragen zu dem Zeitpunkt noch nicht kannte) über die negative Ausrichtung der Fragen und dass er von seiner PR-Agentur mehr erwarten würde. Ich bat um etwas Zeit, schaute mir die Fragen an und schickte ihm eine Stunde später eine Neufassung, mit der er ausgesprochen zufrieden und glücklich war. Er wollte nun die Beraterin abziehen und ich sollte übernehmen. Dann bat ich ihn, die Fragen aus dem ersten Entwurf mit denen aus meiner Lieferung zu vergleichen. Sie ahnen es vermutlich: Es waren dieselben Fragen. Meine Beraterin hat ihn dann weiter betreut und ich sah gelegentlich mal nach dem Rechten.

Hier ein Beispiel aus einem Interview eines Mandanten[136] von mir mit dem Weser Kurier. Das Gespräch wurde schriftlich geführt. Es ging um eine öffentliche Kritik an einer VIP-Loge bei Werder Bremen, weswegen sich die Geschäftsleitung rechtfertigen musste. Ich hatte – um das Exklusiv-Interview zu ermöglichen und die Seite 1 im Lokalteil dafür zu bekommen, im Vorfeld ausdrücklich jede Frage des Mediums zugelassen. Zunächst sorgte das für Verstimmung bei der Geschäftsleitung. Aber ohne diese Zusage wäre das Interview für den Weser Kurier nicht so interessant gewesen. Hier die veröffentlichte Passage:

> ***„Welche Gäste wurden bewirtet?***
>
> *Bitte haben Sie Verständnis dafür, dass wir alleine schon aus Datenschutzgründen keine Namenlisten oder Listen der Unternehmen veröffentlichen können, die wir bei uns zu Gast hatten. Das sind wir auch mit Blick auf die Anbahnung künftiger Geschäftskontakte unseren Gästen grundsätzlich schuldig.*

136 Veröffentlichung mit ausdrücklicher Zustimmung des Mandanten. Komplettes Beispiel in: *Buschardt*, Workbook Krisenkommunikation – realistische Handlungsempfehlungen für Unternehmen.

> ***Waren auch private Gäste dabei? Freunde und Bekannte von Ihnen? Freunde und Bekannte des Prokuristen und der* Abteilungsleiter?**
>
> *Nein. Lediglich bei den Terminen, wo ein eingeladener Gast seine Gattin mitgebracht hat, hat mich meine Lebensgefährtin begleitet. So wie sie mich auch auf anderen Geschäftsterminen, die ich an den Wochenenden [...] wahrnehme, gelegentlich begleitet."*[137]

Wenn Sie das Revue passieren lassen und sich vorstellen, dass die Frage, wer denn aus Politik und Wirtschaft Gast der VIP-Loge gewesen war, vom Weser Kurier nicht gestellt worden wäre, dann hätten Sie etwas Wesentliches vermisst. Das bedeutet: Wir müssen – trotz aller Absprachen – auch berücksichtigen, dass wir es mit unseren Sonderwünschen nicht übertreiben. Natürlich gibt es Medien, die wie Wachs in den Händen von PR-Beraterinnen, Spin-Doktoren und Pressesprecherinnen sind. Ja. Das kann man nutzen, aber man sollte es nicht aktiv fördern und fordern. Es kann jedoch nicht schaden, wenn wir uns gelegentlich einmal Gedanken über die **Glaubwürdigkeit** von Medien machen – auch auf der PR-Seite. Auf der einen Seite haben wir dann zwar leichtes Spiel – aber unsere Kommunikation wird dann auch in einem anderen Umfeld veröffentlicht. Das bedeutet: Je glaubwürdiger das Medium, desto stärker auch die **Kommunikationswirkung** für uns selbst. Denn wenn es uns gelingt die Darstellung in einem glaubwürdigen (ja, auch „kritischen"!) Medium in unserem gewünschten Tenor zu platzieren, dann profitieren wir auch mehr davon.

Denken Sie nur an die investigativen Kräfte eines kostenlosen Anzeigenblattes, des Bahn-Magazins, der ADAC-Motorwelt, der Apotheken-Umschau oder des Lufthansa-Magazins. Die Reichweiten sind für Auftraggeber extrem interessant und die meisten träumen vom Glückskleeblatt aus ADAC-Motorwelt, Bahn-Magazin, Lufthansa-Magazin und Prisma.

Aber sprechen wir hier wirklich von klassischem Journalismus? Wie hoch ist der Investigativanteil von Prisma?[138] Wir groß der des Bahn-Magazins? Haben Sie jemals in den Nachrichten eine Meldung gehört, in der solche Zeitschriften als Quelle genannt wurden? Wir haben es hier mit Zeitvertreibmedien zu tun, die man mal zur Hand nehmen kann – oder auch nicht. Es mag lukrativ sein, aber mit einer klassischen Medienlandschaft hat das wenig zu tun.

Bitte verstehen Sie mich nicht falsch: Auch ich habe mit meinem damaligen Team für derartige Magazine gearbeitet. Sogar Prospekte für Aldi haben wir getextet.[139]

137 „Die Loge ist gekündigt" – Weserkurier vom 23.10.2019.

138 Laut aktuellen Zahlen von 2023 immerhin 6,8 Millionen Leserinnen und Leser als Beilage in zahlreichen Zeitungen.

139 Wir waren jung und brauchten das Geld.

12. Interviews im beruflichen Alltag

Sie kennen sich aus, fühlen sich im Thema sicher und haben auch innerhalb Ihrer Organisation die Beinfreiheit, Dinge öffentlich zu kommentieren und Entscheidungen herbeizuführen? Wunderbar. Damit haben Sie alle Machtstrippen in der Hand – und eine Menge kommunikatives Risiko vor der Brust, wenn Sie sich nicht konsequent und konzentriert auf die Interviewsituation vorbereiten. In diesem Kapitel möchte ich Ihnen einige Hinweise geben, wie Sie die Risiken minimieren und Ihre Chancen erhöhen können, damit auch für Ihre Interviewsituationen gilt: **Wer antwortet, führt.**

12.1 Die Vorbereitung

Im Optimalfall haben Sie das **Ziel** Ihres Interviews bereits konkret vor Augen. Manche haben sogar eine **Wunsch-Schlagzeile**. Beachten Sie bitte, dass der Wunsch ein Wunsch ist und niemanden auf Medienseite auch nur ansatzweise zu irgendetwas verpflichtet. Natürlich gibt es griffige Formulierungen, die Berichterstattung prägende Begriffe, die eine gewisse Schlagzeilentauglichkeit haben. Geschicktes Framing ist eine gute Hilfestellung. Reminder: Das Gute-Kita-Gesetz, das Starke-Familien-Gesetz. Etwas plump dagegen die Bazooka, die Olaf Scholz während seiner Prä-Kanzlerschaft als Finanzminister für die Corona-Hilfen auspackte. Die Presse sprang direkt darauf an – jedoch ist eine Bazooka ein „kleinkalibriger Raketenwerfer, der von zwei Personen bedient wird". Da passte das Bild nicht wirklich, aber sein Stab fand dann zum Glück noch altes Rambo-Bildmaterial, wo der Filmheld eine Panzerfaust locker in der Hüfte trug. So richtig infantil wurde es dann mit dem „Wumms" und dem „Doppel-Wumms". Aber es gilt die Faustregel in der Kommunikation: Was **funktioniert** im Sinne der Zielsetzung, ist halt auch funktional und wird nur in absoluten Ausnahmefällen verändert.

In einem Interview für ein ARD-Informationsprogramm mit erkennbar geringer Reichweite habe ich mir eine **Wunsch-Schlagzeile** vorher aufgeschrieben, die ich gerne als Zitat haben wollte:

> *„An der Kommunikation von [Firmenname] werden sich noch Generationen von Medientrainern abarbeiten können."*

Diese Formulierung klingt griffig, sie macht Lust, mehr über das Thema zu erfahren und spitzt natürlich sehr zu. Streng genommen ist sie inhaltlich falsch, denn es werden sich keine Generationen meines Berufsstandes an dieser Kommunikation abarbeiten. Aber angesichts der zu erwartenden Zuhörerschaft, die ein Informationsprogramm des öffentlich-rechtlichen Hörfunks in der Regel hat, schien mir das zu vernachlässigen. Ich machte mit dieser Aussage etwas anderes deutlich: Dieser Fall kann in die Kommunikationsgeschichte eingehen.[140] So wie zum Beispiel die Kommunikation von Shell bei der Brend Spar, der Lufthansa beim Absturz der Germanwings-Maschine, Mercedes bei der A-Klasse,[141] Boeing bei der 737-800 Max und viele andere. Solche Sätze geben dem Gespräch einen gewissen Schliff mit reichlich Würze. Beispielsweise wenn man einen offensichtlich minderqualifizierten Bewerber für ein Aufsichtsratsmandat im Interview kommentiert, mit der Formulierung *„Wir sind kein Ausbildungsbetrieb für Aufsichtsräte."*[142] Oder mit dem Satz: *„Die Schornsteinhöhe ist heute und in Zukunft nicht verhandelbar"* eine Bürgerversammlung eröffnet und den unverrückbaren Pfosten direkt zu Beginn der Versammlung einbetonieren möchte. Mein Satz mit den „Generationen von Medientrainern" hatte die gewünschte Wirkung: Der Sender erkor diesen Satz zur Schlagzeile, twitterte ihn über den Senderaccount und damit erst bekam ich die gewünschte Reichweite, die sich für mich monetär anschließend in Folgeaufträgen gerechnet hat. Somit hatte ich eine sehr stabile Wirkungsmessung.

Natürlich sind Sie gewissermaßen Expertin auf Ihrem Gebiet. Verstehen Sie das Thema jedoch auch **aus der Sicht des Interviewenden** und stellen Sie sicher, dass Sie ein Gespür für mögliche Themenaspekte entwickeln. Bereiten Sie sich auf die **Themen** vor, die Ihnen gestellt werden könnten. Überlegen Sie sich auch, welche **Botschaften** Sie vermitteln möchten und welche **Informationen** Sie teilen möchten. Gedanklich ist es wichtig, sich stärker auf die Punkte zu **fokussieren**, die Sie im Gespräch **auf jeden Fall ansprechen** möchten. Weniger darauf, was es zu vermeiden gilt. Denken Sie jetzt nicht an den kleinen blauen Elefanten aus der Sendung mit der Maus. Was haben Sie soeben im Kopf gehabt? Genau!

Praxistipp

Deshalb verfolgen wir den Gedanken: Nach vorne wird kommuniziert. Hin aufs Ziel. Nicht darüber, was wir alles nicht und auf gar keinen Fall machen werden. Das ist fatal!

An dieser Stelle muss ich leider mit einem Mann/Frau-Ding in der Kommunikation kommen. Bedenken Sie bitte: Das ist Trainingserfahrung aus vielen Jahren und nicht ein Vorurteil, dem ich hier nachgehe. Frauen kommunizieren indirekter als Männer. Das heißt nicht, dass es keine Frauen gibt, die direkt kommunizieren oder keine Männer, die wiederum eine indirekte Formulierungsweise nutzen. Ich spreche von einem Gesamteindruck über die Breite. Formulierungen wie

> *„Ich denke nicht, dass wir Arbeitsplätze abbauen werden."*

140 Inzwischen ist er das auch.

141 Der später von einem Journalisten so benannte „Elchtest", den es in dieser Form davor nicht gab.

142 Hat sein Bokeh emotional vollends entfaltet.

sind leider bei weiblichen Interviewpartnern häufiger anzutreffen als bei männlichen. Hier müsste es beispielsweise korrekt heißen:

> *„Die Arbeitsplätze bleiben erhalten."*

Oder, wenn man sich wirklich noch nicht sicher ist und es bei ehrlicher Betrachtung nicht ausschließen kann, dass eventuell doch ein paar hundert Arbeitsplätze verloren gehen werden, formuliert man die Vermutung als aktive Position:

> *„Ich vermute:* [ganz kurze Pause] *Arbeitsplätze bleiben vollumfänglich erhalten."*
>
> *„Ich gehe davon aus, dass die Arbeitsplätze erhalten bleiben."*
>
> *„Stand jetzt:* [ganz kurze Pause] *Ich habe die feste Überzeugung, dass die Arbeitsplätze erhalten bleiben."*

Vergleichen Sie die jeweiligen Formulierungen bitte mit dem Eingangsbeispiel: *„Ich denke nicht, dass wir Arbeitsplätze abbauen werden."* Wenn man nicht daran denkt – warum spricht man darüber? In der Kürze von Interviews, in der Verdichtung hochkomplexer Sachverhalte auf und durch Schlagzeilen und Schlagworte, braucht es eine **konkrete, aktive Sprache**. Männern fällt es im Coaching leichter, weil sie nach erreichen gewisser Führungsebenen ohnehin gewohnt sind, auf diese Art und Weise zu kommunizieren.

Dafür wiederum mache ich die Beobachtung, dass Frauen ehrlicher kommunizieren und Schwächen im beruflichen Kontext eher zugeben können. Das geht meiner Erfahrung nach noch deutlich weiter, nämlich, dass das Publikum auf Frauen bei der Verkündung schlechter und unangenehmer Nachrichten weniger heftig reagiert als bei Männern. Dabei ist es unerheblich, ob die Frau älter oder jünger ist, feminin oder weniger feminin wirkt, oder grundsätzlich attraktiv oder weniger attraktiv ist. Allein das Geschlecht bringt hier bereits den Vorteil. Das wurde mir im Kollegenkreis negativ ausgelegt, bis ich die Gelegenheit bekam, diese Frage von Studierenden der Steinbeis-Hochschule einmal untersuchen zu lassen. Gleiche Wortwahl, gleiche Mimik, gleiches Thema – einmal durch einen Mann vorgetragen, einmal durch eine Frau. Das Ergebnis der Studie hat meine Beobachtung bestätigt – die Langfassung der Studie habe ich dann nicht mehr gelesen. Die Beobachtung aus jahrelanger Praxis ist mir Evidenz genug.

Einschränkend muss ich darauf hinweisen, dass die **Ebene der Kommunikation** für beide Geschlechter **gleich** sein muss. Liegt beispielsweise das Thema in seiner Krisendynamik (noch) auf der Ebene Pressesprecher/in, kann man strategisch den Vorteil wählen, die Frau das Unangenehme erledigen zu lassen (weil: Wirkung beim Publikum weniger dramatisch). Das bedeutet jedoch ein stabiles Innenverhältnis aller Beteiligten. Wenn der Eindruck entsteht, die Frauen sind nur für den kommunikativen Dreck da und werden sonst nicht wertgeschätzt: Lassen Sie die Finger davon. Haben wir den noch weit verbreiteten Klassiker: Männlicher CEO, weibliche Pressesprecherin und wir sprechen von einer Krise, die definitiv auf die C-Ebene und nicht auf die Sprecherebene gehört (beispielsweise Tote, schwerer Umweltschaden usw.), dann können Sie sich nicht mit meinem strategischen kommunikativen Geschlechtertipp aus der Verantwortung ziehen, wenn Sie derjenige[143] sind, der auf der C-Ebene **Verantwortung** trägt.

12.2 Wer interviewt?

Für das Interview ist es ebenso von Bedeutung, welchen **Background** diejenige hat, die das Interview führt. Informieren Sie sich über die **Journalistin** und die **Publikation**, für die sie arbeitet, um eine Vorstellung davon zu bekommen, welche Art von **Publikum** das Interview lesen wird und welche **Themen** die Journalistin normalerweise behandelt. In der Regel stellt solche **Kurz-Dossiers** die Presseabteilung oder die PR-Agentur zusammen. Sie enthalten – sofern es bekannt ist und zum Thema gehören könnte – auch private Informationen über die Journalistin. Wenn es beispielsweise um die Einführung eines Hormonpräparates für Kinder geht, könnte die Information, ob die Journalistin selbst Kinder hat, durchaus eine inhaltliche Relevanz für das spätere Interview haben. Ob ihr Mann dagegen eine Modelleisenbahn im Keller hat, wohl eher weniger.

Beachten Sie bitte die aktuelle Rechtslage über den Umgang mit personengebundenen Daten. Hier stoßen wir oft an Grenzen zwischen den Punkten, die **objektiv sinnvoll** sind – und dem, was die **Rechtslage** uns vorschreibt. Andersrum machen die Medien dies mit Ihnen allerdings auch. Ich erinnere mich noch sehr gut an die entsprechenden Hinweise, die wir für die Daten unserer Interviewpartner verwendeten: „Kommt schwer auf den Punkt," „sehr eloquent", „hat Schwierigkeiten den roten Faden beizubehalten" über „Achtung: Will anschließend immer einen Mitschnitt haben" und sogar Hinweise zu den Schlafgewohnheiten eines ehemaligen Botschafters in der Bundesrepublik Deutschland („Macht zwischen 14 und 16 Uhr Mittagsschlaf – auf keinen Fall anrufen") – die ich leider übersehen hatte und am Telefon auf einen wenig diplomatischen älteren Herrn traf, der seinem Unmut freien Lauf ließ.

Ein normales **Dossier über Journalisten** enthält in der Regel folgende Fakten:

- bisherige Artikel/Bücher/Blogs/Podcasts zu diesem Thema
- eventuelle Kommentare oder Haltungsangaben zum Thema
- persönliche Erfahrungen der PR-Agentur mit dem Journalisten bei anderen Themen und Auftraggebern
- auf den Inhalt bezogene persönliche Informationen.

143 „diejenige" funktioniert hier nicht, dann hätten wir wieder zwei Frauen zur Auswahl, was den Vorteil nivelliert.

So halte ich beispielsweise die Information, dass ein Journalist im Rollstuhl sitzt für absolut legitim, wenn er zum Thema „Inklusives Arbeiten in Großkonzernen" ein Interview mit Ihnen führen möchte. Ob er Raucher oder Nichtraucher ist, wenn er über ein Tabakunternehmen berichtet (auch rechtlich wichtig, da man einem Nichtraucher keine Gratis-Zigarette beim Meeting anbieten darf), ob er einen Verbrenner oder ein Elektrofahrzeug fährt, wenn er über Mobilitätsfragen des Individualverkehrs berichtet. Ob er selbst politisch in einer Partei aktiv ist und sich bereits um Ämter beworben hat, wenn es um politische Fragen geht und vieles mehr.

Praxistipp

Meine persönliche Doppel-Empfehlung: Folgen Sie Ihrem gesunden Menschenverstand, was inhaltlich hilfreich wäre, beschränken es auf das Nötigste – und übermitteln Sie derartige Informationen zwischen PR-Agentur und Auftraggeber eher mündlich als in Sprach- oder Textnachrichten.

Ist nur so eine Idee.

Was auf jeden Fall wichtig ist, ist die **Einschätzung, wie das Medium zu einem bestimmten Thema steht**. In der Regel sind wir in der Lage, die Medien grob einzuordnen: Springer-Presse konservativ, taz links, Spiegel eher links, Die Zeit eher liberal und so weiter. Aber nicht immer sind es bekannte Titel, mit denen wir zu tun haben. Was wäre mit der Leipziger Volkszeitung? Wüssten Sie aus dem Stehgreif, dass über die Deutsche Druck- und Verlagsgesellschaft die SPD Anteilseigner der Zeitung ist? Wüssten Sie, zu welchem Konzern (einschließlich dessen politischer Ausrichtung) das Redaktionsnetzwerk Deutschland (RND) gehört oder wie die Funke-Mediengruppe ausgerichtet ist und welche Medien dazu gehören? Was ist mit Radio Hamburg, dem Saarländischen Rundfunk oder dem Stern? In der Regel hilft ein Blick ins **Impressum** (online genügt) und eine kurze, **zweiminütige Recherche** – dann kommt man rasch dahinter.

Die **Vorbereitung** erfolgt bitte nicht nach dem Motto „Dann sprechen wir über unser Produkt und zählen die wesentlichen Merkmale auf", sondern die Vorbereitung sollte **in wörtlicher Rede** erfolgen. Das macht einen erheblichen Unterschied, denn gesprochen wirken die Wörter noch einmal ganz anders als in der abstrakten Denkweise.

Die Kritik an der geplanten Mehrwegglasflaschensystemauffangbehälterschutzverordnung liest sich vermutlich flüssiger, als sie sich spricht. Auch inhaltliche, strukturelle Mängel werden bei der wörtlichen **Probeformulierung** schneller hör- und sichtbar.

Praxistipp

Ganz wichtig: *Lernen Sie bitte weder den Einstiegssatz noch den Zielsatz wortwörtlich auswendig! Ganz zu schweigen von vollständigen Statements.*

Sie sind aufgrund Ihrer bisherigen Kommunikationskompetenz viel leichter in der Lage, den **Sinn** anhand von drei oder fünf Stichworten (ich empfehle fünf – Erklärung folgt!) frei zu erzählen, als einen kleinen Aufsatz auswendig wiederzugeben. Darüber hinaus sind Sie in der Lage, auf Veränderungen wie besondere inhaltliche Wünsche des Mediums *(„Können Sie zu diesem Teilaspekt bitte noch etwas mehr erzählen?")* genauer einzugehen. Sie können auf Hinweise Ihrer Pressesprecherin besser eingehen, die Ihnen kurz vor dem Termin noch rät, diesen oder jenen Aspekt etwas ausführlicher zu erzählen oder gar wegzulassen (weil soeben noch aktuelle Informationen reingekommen sind, die eine Veränderung des Geplanten notwendig erscheinen lassen).

Sie werden stabiler antworten können und sind für unvorhergesehene Fragen besser aufgestellt.

Praxistipp

Deshalb: *Üben Sie Ihre Antworten auf Fragen, die Ihnen gestellt werden könnten, damit Sie selbstbewusst und überzeugend antworten können. Es ist auch wichtig, Ihre Antworten auf eine klare und prägnante Weise zu formulieren, denn nur so können diese Antworten dazu beitragen, als Schlagzeile oder weiteres Zitat entdeckt zu werden.*

Bei einer Pressekonferenz rund um erneute Corona-Einschränkungen sah man in der Live-Übertragung des Rohmaterials einen Journalisten, der der abgehenden Kanzlerin Angela Merkel noch eine Frage hinterherrief. Der Journalist war nicht zu verstehen – wohl aber Frau Merkel, die sinngemäß antwortete: *„Wie: ‚Was ist jetzt die Schlagzeile?' – Die Schlagzeile müssen SIE doch machen!"*[144] Da mag sie Recht haben – aber man kann es auch als Hilfeschrei an die Antwortenden auf dem Podium verstehen: Ihr habt so unklar kommuniziert, dass es uns schwerfällt, eine Schlagzeile oder Kernaussage darin zu erkennen. Wie sollte es folglich sein? Genau: Wer antwortet, führt.

Was bei den Vorbereitungen oft falsch gemacht wird: Man ist nicht **ehrlich** sich selbst gegenüber. Verstrickt in PR-Budgets, Hofstaat und Umworbensein fühlen sich viele Führungskräfte stets sicher und leider auch unverwundbar.

In den vorbereitenden Fragen, die mir von einer PR-Agentur zur Bewertung vorgelegt wurden, fand ich tatsächlich eine Formulierung, die sinngemäß so lautete: *„Herr Dr. XYZ, Sie haben bereits in Ihren bisherigen Stationen Ihres Arbeitslebens gezeigt, dass der Standort Deutschland für Sie eine besondere Präferenz genießt… (weiter mit Lobhudelei, hier gekürzt) … Wie bewerten Sie denn bei dieser Historie die Zukunft?"* Auf der Pressekonferenz wurde die Frage dann so gestellt, wie ich es fürs Coaching auch umformuliert hatte: *„Warum ziehen Sie Arbeitsplätze aus ABC-Stadt ab?"*

144 Zitiert aus meiner Erinnerung, vermutlich nicht wörtlich korrekt, aber inhaltlich.

In der Nachbesprechung räumte besagter Coachee dann auch ein, in der ersten Frageformulierung nicht den negativen Kern erkannt zu haben und war froh, dass man ihm im Coaching wiederum die Fragen umgangssprachlich serviert hatte. Etwas gegen den anfänglichen Widerstand der PR-Agentur, die dem Irrtum unterlegen war, sich bei einer negativen Frage unbeliebt zu machen, aber sehr wohl zum Nutzwert des Mandanten. Ihm wäre nicht aufgefallen, dass er auf beide Formulierungen dieselbe Antwort hätte geben können.

So läuft es mit den Vorständen: Oftmals redet man ihnen nach dem Mund und die bloße Anwesenheit eines Aufsichtsratsvorsitzenden führt bereits dazu, dass eine Etikette wie bei Hofe um sich greift. Und dann kommt der Journalist. In Jeans, Hemd ohne Krawatte und Jackett, etwas breitbeinig und raumgreifend. Er hat gelernt: Wenn du nicht auf Augenhöhe mit deinem Gesprächspartner bist, dann sind es deine User auch nicht. Lass dir nichts gefallen. Du bist die Kontrollinstanz der Reichen und politisch Mächtigen. Du hast das Recht, alles und jeden zu bewerten, zu beurteilen und zu verurteilen. Du hast das journalistische Recht zu unterbrechen, du stellst die Fragen, du bist derjenige, der führt. Er ist derjenige, der mit dem Satz *„Was ist das denn hier für ein Licht? So können wir nicht arbeiten, das sieht ja furchtbar aus."* den geplanten Drehort im Konferenzraum wieder versucht ins Büro des Vorstandes zu verlegen.

Vermutlich treffen Sie nicht stets auf alle Eigenschaften auf einmal – aber im Großen und Ganzen kommt das schon hin, wie ich es hier geschrieben habe.

Stellen Sie sicher, dass Sie sich auf mögliche **kritische oder kontroverse Fragen** vorbereiten, die gestellt werden könnten, und überlegen Sie sich im Voraus, wie Sie damit umgehen möchten, beziehungsweise lassen Sie sich von Ihren Mitarbeitenden Vorschläge unterbreiten, auf die Sie zurückgreifen können. Aber: Die vorgeschlagenen Formulierungen müssen **zu Ihnen passen**. Hier gilt es, einen gesunden **Kompromiss** zu finden zwischen dem, was Ihre **Kommunikationsverantwortlichen** für erforderlich halten, was Sie an **persönlichen Präferenzen** mitbringen und natürlich dem, was die **Juristen** gerne von Ihnen hätten. Viele meinen dann, die Juristen die Kommunikation komplett übernehmen zu lassen. Das geht nicht immer gut, denn Juristen formulieren anders und sind absolut entspannt, wenn sie wissen, dass man in allen Instanzen Recht bekommen wird. Bis dahin vergeht aber viel Zeit – und Sie haben unterdessen die Medien konsequent im Nacken. Gute Juristen wiederum lassen sich in diesen Fällen von Kommunikationsberatern unterstützen. So erhalten wir eine gesunde Balance.

„Bleiben Sie authentisch" – das liest sich wie einer der abgedroschenen Ratschläge von Coaches. Aber nur auf den ersten Blick. Behalten Sie Ihre **Authentizität** bei und vermeiden Sie es, sich zu verstellen oder Dinge zu sagen, die nicht wahr sind. Wenn Sie sich auf Ihre Botschaften konzentrieren und Ihre Antworten gut vorbereiten, werden Sie in der Lage sein, Ihre Aussagen klar und überzeugend zu vermitteln. Man kann gewisse Verhaltensweise **antrainieren** – und in vielen Fällen hilft dies auch. Aber im Reflex von Druck,

Wut, Enttäuschung oder nackter Angst, das Unternehmen gegen die Wand zu fahren, reagieren Sie dann doch wieder **intuitiv und spontan**. Deshalb setze ich gerne dort an, wo die **Persönlichkeit** desjenigen sitzt, den es zu coachen gilt. Damit schulen wir seine **Reflexe**, die auch dann noch funktionieren, wenn der Druck zunimmt. Angelernte, sich selbst verstellende oder die eigene Persönlichkeit sogar verleugnende Verhaltensweisen, funktionieren in der Regel nur in kommunikativen Schönwetterzeiten.

12.3 Fünf Finger – fünf Stichworte

Zu den drei oder fünf Stichworten nun die versprochene weitere Information: Ich bin für **fünf Stichworte**, weil Sie an jeder Hand **fünf Finger** haben. Auf jeden Finger projizieren Sie ein Stichwort. So können Sie – auch mit einer stimmigen Körpersprache – alle Finger nach und nach **abarbeiten**. Diese Mechanik funktioniert auch bei einem Auftritt vor Publikum: Vergeben Sie Ihre Stichworte (drei bis zehn) an **Personen aus dem Publikum**. Nehmen Sie hier eine Geschlechtertrennung vor: Die negativen Punkte an Geschlecht A und die positiven Punkte an Geschlecht B.[145] Wählen Sie dabei Menschen aus, die nur mittelprächtig attraktiv sind und nicht besonders aus der Masse herausragen außer bei anderen Merkmalen wie z.B. auffälliger Pullover oder markante Brille. In der Analyse von Coachees (männliche wie weiblich gleichermaßen) musste ich feststellen, dass ein auf eine besonders attraktive Person verlagertes Stichwort im Publikum während des Vortrags auf der Bühne zu einer längeren inhaltlichen Verweildauer führte und die Gewichtung der Inhalte veränderte.[146]

12.4 Formen von Interviews

Schauen wir uns die Formen unterschiedlicher Interviews einmal an. Die Liste erhebt nicht den Anspruch auf Vollständigkeit, denn es gibt unzählige Varianten mit Kombinationen unterschiedlichster Ausprägungen.

Nachrichteninterviews werden oft von Journalisten verwendet, um Informationen von einer Quelle zu einem aktuellen Ereignis zu sammeln, um einen Bericht mit hohem Informationsgehalt zu schreiben. Hier erwartet man in der Regel die **Vermittlung der Information** und **weniger die Einschätzung Ihrerseits**. Da Sie als Führungskraft jedoch insbesondere für die Einschätzung von Entwicklungen eine wichtige Rolle innehaben, kann man derartige Gespräche oft der **PR-Agentur**, dem eigenen **Presseteam** oder ei-

145 Früher war es beim Wetterbericht so, dass die Hochs männliche Namen und die Tiefs weibliche haben. Das wurde geändert. Deshalb hier auch nur „Geschlecht A" und „Geschlecht B". Entscheiden Sie selbst.

146 Ja, manchmal wundere ich mich auch darüber, auf was man alles achten muss, wenn das Grundkonzept bereits stabil erscheint.

nem **Fachreferat** überlassen. Eine Ausnahme gilt hier in der Politik: Wenn Sie als Ministerin sich mit diesem Thema entsprechend profilieren wollen, dann sollten Sie das Feld nicht der zweiten oder dritten Reihe überlassen. Aber spätestens bei diesem Setting kommt der Wunsch zum Vorschein, diese Fakten im Sinne eines politischen Gesamtkonzeptes einordnen zu wollen, womit Sie das klassische Nachrichteninterview bereits formell wieder verlassen.

Hintergrundinterviews werden in der Regel als **Hintergrundgespräche** bezeichnet. Aus ihnen wird – ohne vorherige Absprache – in der Regel weder direkt noch indirekt zitiert. Bei derartigen Gesprächen sollte auf Ihrer Seite **immer ein zweites paar Ohren** mit dabei sein: **Kommunikationsverantwortlicher** aus Ihrem Unternehmen oder ein **Senior Consultant Ihrer Kommunikationsagentur**. Diese Akteure handeln im Vorfeld bereits die Regeln und Abläufe aus, nach denen ein solches Gespräch stattfindet. Es ist unüblich, vor derartigen Gesprächen von den Medienvertretern schriftliche Zusagen über die Absprachen zu treffen. Dies geschieht im wechselseitigen Interesse auf **Treu und Glauben**. Oftmals kennt man sich bereits seit längerer Zeit (oder ein Vermittler wie die PR-Agentur kann auf eine entsprechend vertrauensvolle Zusammenarbeit in der Vergangenheit hinweisen) und vertraut einander. Selbst der Bundesnachrichtendienst (BND) verlangt in seinen Briefings keine schriftlichen Zugeständnisse von Redaktionen. Man weiß dort um die Attraktivität und Exklusivität des Materials. Allerdings wissen Journalisten auch sehr wohl, dass eine Überprüfung des Materials schwierig bis unmöglich ist und dass ein Restrisiko besteht, von einer Regierungsorganisation instrumentalisiert zu werden. Aber wenn schon der BND auf derartige Zugeständnisse verzichtet – warum sollten Sie als Konzern, der Einspritzpumpen herstellt, dies dann von Medienvertretern verlangen? Ihr Wunsch nach Sicherheit in allen Ehren – aber man muss auch mal loslassen können.

Da es selbst in einem Hintergrundgespräch zu einem ständigen Wechsel zwischen **zitierfähigen** und **vertraulichen** Inhalten kommen kann, ist eine **moderierte Situation** dem noch engeren 1:1-Gespräch vorzuziehen. Ein Beispiel: In einem Gespräch über eine umweltpolitisch schwierige und komplexe Werkserweiterung kamen wir an einen Punkt, an dem definitiv keine Zitierfähigkeit hergestellt werden konnte. Ich wies deutlich darauf hin und lies das Gespräch anschließend weiterlaufen. Eine gute halbe Stunde später sprach der Journalist das Thema beiläufig noch einmal an. Für meinen Auftraggeber war klar: Wir sind weiterhin zu diesem Thema streng vertraulich und nicht zitierfähig. Aber genau das Gegenteil war der Fall: Wenn hier nicht ausdrücklich **wieder** Nicht-Zitierfähigkeit vereinbart worden wäre (ich intervenierte entsprechend), wäre diese Passage für das Medium frei zur Nutzung gewesen.

Sehr beliebt sind in der Regel **persönliche Interviews**: Diese Art von Interview konzentriert sich auf die **Meinungen** und **Gedanken** einer Person zu einem bestimmten **Thema**. Man nimmt aktuelle Entwicklungen wie zum Beispiel gesetzgebende Verfahren. Oftmals erfolgen diese Interviews mit Persönlichkeiten des öffentlichen Lebens oder Experten auf einem bestimmten Gebiet und sie dienen in der Regel mit einer **emotionalen Verstärkung der Inhalte** zu deren besserer **Verbreitung** mit erhöhter Glaubwürdigkeit. C-Level Führungskräfte schätzen derartige Gespräche unter dem Aspekt, dass sie hier die Gelegenheit bekommen, **Visionen** aufzuzeigen, wohin sich Märkte, Produkte und Dienstleistungen entwickeln werden. Natürlich spielt auch das eigene Ego eine wesentliche Rolle bei der Beliebtheit derartiger Interviews. Aber es steckt eine **große Chance** in derartigen Gesprächen für Unternehmen und Organisationen, sich in Gegenwart und Zukunft gut zu verkaufen. Vor allem im Vorfeld von Jahreshauptversammlungen, im Umfeld von Jahrespressekonferenzen und natürlich vor der möglichen Verlängerung des eigenen Vertrages kommen derartige Interviews gut gelegen.

Investigative Interviews sind bei Medien beliebter als bei denjenigen, die in diesen Interviews die Antworten geben müssen. Aber wie wäre es unter dem Ansatz „Wer fragt, führt", wenn wir dieses „müssen" in ein „dürfen" wandeln? Wenn dies tatsächlich die neue Wahrnehmung ist: Wie stark sind dann wohl unsere Fähigkeiten ausgeprägt, mit unseren Antworten zu führen? Allerdings sind Interviews, die sich im Vorfeld bereits als Investigativ-Interviews klar erkennen lassen, nicht unbedingt jene Unterhaltungen mit Medienvertretern, um die sich Führungskräfte reißen. Gerne überlässt man diese unangenehmen Kontakte der Pressestelle oder Kommunikationsagentur. Damit wird jedoch der **Brisanz** der Themen nicht Rechnung getragen. Meine Erfahrung mit Investigativ-Teams von Medien, deren Arbeitsweise ich auf Kundenseite verfolgen konnte, ist eine durchaus **faire Arbeitsweise**. Zwar segeln die Kolleginnen und Kollegen dort hart am Wind – aber sie halten sich an die Absprachen im Rahmen des Rollenmodells, das sie bedienen müssen. Sie wiederum sollten gemäß folgender Sichtweise planen und handeln: Ein Investigativ-Team hat bestimmte **Charaktereigenschaften** und **Arbeitsweisen**. Diese sind zu akzeptieren und dementsprechend zu behandeln. Ein Hund bellt, eine Katze miaut, ein Vogel zwitschert. Was machen Investigativ-Medien? Eben. Sie verhalten sich artgerecht, wie die journalistische Natur es für sie vorgesehen hat.

Bedenken Sie: Wenn Sie nicht mit einem Koffer voll Geld einmal im Monat nach Liechtenstein fahren würden, hätten Sie auch nicht ein Investigativ-Team am Hals.

In der Regel kommen eher **investigative Elemente** in den Fragen zu anderen Interviews vor. Das kann beiläufig und unauffällig erfolgen. Der Vorstand berichtet stolz von seiner Sammlung historischer Motorräder, darunter auch ein Ural-Gespann, das aus Sowjetzeiten stammt und immer noch in der heutigen Ukraine hergestellt wird. Hier kann eine beiläufige Frage nach dem Bezug von Ersatzteilen bereits zur Falle werden. Selbst dann, wenn die Wirtschaftssanktionen gegen Russland nicht explizit in der Frage enthalten sind.

Was bei investigativen Fragen gerne eingesetzt wird, ist eine **Schlingen-Technik** bei der Kombination scheinbar harmloser Fragen.

Ein echtes Beispiel aus der Zigarettenindustrie, wo zunächst die Schlinge ausgelegt wurde, bevor man sie zuzieht:

> *„Wie stehen Sie denn zum Jugendschutz?"*
>
> *„Wie stellen Sie den Jugendschutz sicher?"*
>
> *„Was tut Ihr Unternehmen denn konkret in Sachen Kinder- und Jugendschutz?"*
>
> *„Das bedeutet: Niemals würde es eine Zigarettenwerbung auf einem Kinderspielzeug geben?"*

Und dann kommt die Situation, auf die man mit diesen Fragen hingearbeitet hat: Der Journalist zeigt in die Kamera ein Foto, das der Gesprächspartner zu diesem Zeitpunkt noch nicht kennt und aufgrund der Positionen des Journalisten und ihm in Bezug zur Kamera nicht erkennen kann:

> *„Wie kann es denn angesichts dieser Jugendschutz-Behauptungen* (hier schon erster Vorwurf durch Verwendung des Wortes „Behauptungen" und nicht „Fakten") *sein, dass ich vor wenigen Tagen mit meinem dreijährigen Sohn auf einem Kinder-Autoscooter in ABC-Stadt* (man dreht in diesem Moment das Foto sichtbar zum Gesprächspartner) *genau DIESES Foto machen konnte, was ganz klar Ihre Zigarettenwerbung auf einem Kinder-Formel-1-Karussellwagen zeigt?"*

Das sind diese Momente in den Medien, in denen Zuschauern das Herz aufgeht und der Interviewte scheinbar der Lüge überführt wird: Denn das Foto ist authentisch, die Aussagen im Vorfeld scheinen widerlegt. Allerdings hatte der Gesprächspartner (der Hausjurist des Konzerns) eine Antworttechnik parat, die absolut entwaffnend ist: Er beschäftigte sich nicht mit der emotionalen Wirkung dieser Situation, sondern mit den Fakten.

- Was ist bekannt an Fakten?
- Wie sollte die Wunsch-Situation aussehen?
- Wie sieht sie tatsächlich aus und was bedeutet das für ihn?

Das muss in seinem Kopf blitzschnell abgelaufen sein. In Kombination aus kommunikativer Kompetenz und juristischer Ausbildung lautete seine Antwort:

> *„Sie haben absolut Recht. Das darf es nicht geben. Ich hatte bisher keine Kenntnis davon, aber ich versichere Ihnen, wir werden dagegen vorgehen und diesen Fall korrigieren. Geben Sie mir die Adressdaten und wir kümmern uns noch heute darum. Das entspricht nicht dem Gesetz und es entspricht auch nicht unserem Kodex. Es wird meine Aufgabe sein, das zu unterbinden."*

Damit macht er nur das, was ohnehin unvermeidbar ist: Die Rechtslage ist eindeutig. Der Vorfall ist durch das Medium öffentlich und er muss sich darum kümmern. Es ist seine

Aufgabe als Jurist. Letztlich sorgt er mit der Antwort dafür, dass er **nur das Offensichtliche bestätigt und sich als Akteur inszeniert** – eine Rolle, die er ohnehin als rechtlich zuständiger des Konzerns innehat. Damit erlangt er **maximale Glaubwürdigkeit** zurück, die er sonst verlieren würde. Seine Argumentation bei den Antworten auf die einleitenden Schlingenfragen war zwar schlüssig und nachvollziehbar – aber durch das Beweisfoto: Papa und Sohn auf einem Karussellwagen mit Zigarettenwerbung[147] schien ein Kartenhaus zusammenzubrechen, welches sich jedoch durch die hervorragende Antwort des Hausjuristen als stabiles Bauwerk entpuppte.

Man hätte es auch anders machen können: Man nimmt das Foto mit ins Interview, zeigt es dem Gesprächspartner mit den Worten: *„Dieses Foto haben wir vor wenigen Tagen gemacht. Wie steht Ihr Unternehmen dazu?"* Das mag fürs Unternehmen angenehmer, oder zumindest weniger unangenehm erscheinen als die Version, wie ich sie durchgeführt habe. Aber was ist für die Zuschauer interessanter und was ist angesichts der wirklich hervorragenden Antwort des Juristen für das Unternehmen besser? Eben: Die etwas knusprigere Version, denn hier kann das Unternehmen zeigen, wie gelebte Verantwortung in der Realität aussieht.

Ich vertrat bereits die These: Durch einen gut ausgebildeten Journalisten, der auf einen gut gecoachten Gesprächspartner trifft, entsteht ein noch attraktiveres Produkt, als wenn einer der beiden Gesprächspartner dem anderen deutlich überlegen ist. Ferner erkennen Sie an diesem Beispiel, dass die Fragen im Ergebnis wenig geführt haben, sondern dem Gespräch eine Struktur verpasst haben. Die wirkliche Führung kam durch die Antwort des Juristen.

Online-Interviews nehmen zu. Auf den ersten Blick sind sie **praktisch** und **zeitlich dezentral** zu realisieren. Dennoch wäre aus Sicht beider Parteien die Präsenz dem Videointerview vorzuziehen, was die **direkte Interaktion** betrifft. Doch schauen wir uns zunächst das Audio- oder Videointerview etwas genauer an. In der Regel vereinbart man hier eine Videokonferenz per Teams oder Zoom. Diese Konferenz wird aufgezeichnet; klären Sie jedoch **vorher** ab, ob das Video **frei zur Veröffentlichung auf der Webseite** ist, oder nicht. Beachten Sie bitte: Selbst, wenn das Video nicht zur Veröffentlichung eingeplant wird, kann sich das im Nachhinein noch ändern: Wenn beispielsweise für einen Videobeitrag noch O-Töne gebraucht werden und man diese nicht noch einmal extra aufzeichnen möchte. So kann man auf bereits produziertes Material zurückgreifen.

Dazu kommt noch eine **technische Mitarbeit**, die von Ihnen verlangt wird. Selbst Premium-Anbieter wie Gabor Steingarts The Pioneer-Podcast verlangen von Ihren Gesprächspartnern, dass sie vor Ort noch eine **zusätzliche Audiodatei** erstellen, die an-

147 Zugegeben in einer Freizeiteinrichtung aus dem 20. Jahrhundert, aber immer noch in Betrieb!

schließend an die Redaktion zu übermitteln ist, die daraus wiederum ein Gespräch in Studioqualität zusammenschneidet. Auch Radiosender zeichnen Original-Töne für die Nachrichten nicht mehr wie früher per Leitung oder Telefon in einem Produktionsstudio auf, sondern bitten Gesprächspartner, eine Audiodatei an die Redaktionsadresse zu schicken. Das scheint auf der einen Seite für Sie mehr Aufwand zu bedeuten – auf der anderen Seite können Sie in Ruhe Ihre O-Töne so oft aufnehmen, wie Sie wollen. Und dann erst wird eine Sounddatei an die Redaktion gemailt. Früher, zu guten Zeiten mit echten, journalistisch arbeitenden Redakteurinnen und Redakteuren, wurde bei diesen Aufnahmen gelegentlich eine weitere Frage eingestreut, auf die Gesprächspartner **spontan** reagierten. Und schon war etwas in die Redaktionen gelangt, das heute angesichts der Eigenaufnahme erst gar nicht produziert wird. Journalismus schränkt sich damit selbst ein. Das ist ein Defizit, das mich als Journalist natürlich ärgert, was aber nicht Ihr Problem ist, sondern eine echte **Chance** für Sie. So kommen von Ihnen ungewollte Inhalte schlussendlich erst gar nicht in den redaktionellen Formaten der Sender an.

Eine andere Abwicklung erfolgt bei den Online-Interviews, die als **reine Textinterviews** geführt werden. Hier erhalten Sie einen Schwung Fragen zur schriftlichen Beantwortung. Das hat für das Medium den Vorteil, dass man keine Zitate mehr abstimmen oder freigeben lassen muss, sofern eine Autorisierung überhaupt vereinbart würde. Für Sie bedeutet das aber auch, dass mit dem Drücken auf „Senden" bei Ihrer E-Mail alle Zitate von Ihnen **final freigegeben** sind. Deshalb antworten Sie bitte auch bei schriftlichen Antworten so, wie es das **gesprochene Wort** tun würde und nicht das Schriftdeutsch. So erlangen Sie **erhöhte Glaubwürdigkeit** bei den Usern, die dieses Interview lesen werden und in der Regel davon ausgehen, dass das als Gespräch geführt wurde, denn die wenigsten Redaktionen weisen gesondert darauf hin, dass es sich dabei um ein schriftlich geführtes Interview handelt.[148] **Lebhafter** werden diese schriftlich geführten Interviews, wenn man noch eine **zweite Runde** einplant. Das Medium schickt seine Fragen, Sie liefern die Antworten, dann schickt das Medium noch einen Schwung mit Nachfragen, die Sie ebenfalls beantworten. So wirkt das schriftlich geführte Interview deutlich lebendiger. Für Sie hat dieses Vorgehen den Vorteil insbesondere bei juristisch brisanten Inhalten den Vorteil, dass es trotz der juristischen Draufsicht vor Absenden Ihrer Antworten, scheinbar nicht an Spontaneität einbüßt. Das ist sowohl fürs Medium attraktiver – als auch für Sie.

148 Übrigens: Sie müssen auch gar nicht darauf hinweisen. Ein Interview ist ein Interview. Auch auf eine Autorisierungsphase wird normalerweise nicht hingewiesen. Es sei denn, die Autorisierungsphase war problematisch im Vorfeld der Veröffentlichung. Beispiele dazu finden Sie in diesem Buch, s. S. 28 ff.

Praxistipp

Bieten Sie die Möglichkeit zu einer zweiten Runde mit Nachfragen aktiv an. Nicht alle Medien arbeiten von selbst so und viele sind schon zufrieden, wenn sie überhaupt Antworten auf kritische Fragen bekommen. Manche sind auch einfach nur bequem oder gar faul. Sie haben – da Ihnen in jedem Fall die Antworthoheit bleibt – im Zweifel nur Vorteile davon.

Merksatz: *Alle Fragen sind zugelassen, sonst ist das Verfahren für Medien nur bedingt attraktiv oder sogar vollends unattraktiv. Aber: Sie sind doch frei in Ihren Antworten, die sie geben.*

Wer antwortet, führt.

Eine **andere Vorbereitung** benötigen Sie bei Interviews, die **live** geführt werden. Im Hörfunk, im Fernsehen, auf Podien. Aber auch ein Interview für eine Tageszeitung oder ein Online-Portal kann ein Live-Interview sein, wenn man es mitschneidet und es 1:1 so in der gesprochenen Form veröffentlichen wird. Hier müssen Sie besonders **aufmerksam** sein, denn das einmal gesprochene Wort lässt sich nicht wieder einfangen. Während in vielen Formaten eine Autorisierung des gesprochenen Wortes üblich ist, können Sie derartige Zugeständnisse bei Hörfunk und Fernsehen nicht erwarten. Niemand überspielt Ihnen die Videodateien mit Ihren unterschiedlichen Antworten und erbittet Ihre geschätzte Meinung zur möglichen Auswahl des Gesagten. Es ist nun einmal nicht üblich und deshalb sollten Sie hier eine entsprechende Vorbereitung investieren.

Merksatz: *Die Vorbereitung ist keine Option. Sie ist fester Bestandteil des öffentlichen Auftritts. Tragen Sie sich ein entsprechendes Zeitfenster ins Outlook ein, damit es nicht bei einem letzten Blick auf einen Ausdruck am Küchentisch beim Frühstück mit der Familie bleibt.*

Mit einem Interview gehen Sie in die Öffentlichkeit.

Sie sind auf einer Bühne, vor der maximal 83 Millionen Bundesbürger stehen könnten.

Sie sind aber auch mit diesem Interview in der Öffentlichkeit, damit Sie steuern können und die Ziele Ihrer Organisation strategisch stützen.

Etwas entspannter können Sie in den Expertenzirkeln von **Roundtable-Interviews** sein. Hier kommen mehrere Experten oder Persönlichkeiten zusammen, um über ein bestimmtes Thema zu diskutieren. Das hat den Vorteil, dass man die Positionen der anderen in der Regel kennt, dass man im Vorfeld der Diskussion zusammensitzt und Positionen abklopft, herausfindet, wo man Gemeinsamkeiten hat, oder wo Widersprüche sichtbar werden. Hier müssen wir unterscheiden, ob wir es mit wirklich **inhaltlichen** Roundtables zu tun haben, beispielsweise, wenn zum Thema Atomenergie diskutieren: Wirtschaftsministerium, Energiekonzern, Umweltschützer, Kommunalpolitiker. Oder sich in einer Talkrunde eine ganz andere Mischung ergibt, wenn Sie zum Thema Atomenergie als Experte geladen sind, ansonsten in der Talkrunde ein Schauspieler, eine Mode-Influencerin, ein Nationaltorwart und Bono[149] von U2 sitzen. Alles keine Experten wie Sie, aber alle mit einer Haltung zum Thema Atomenergie.

Hier muss man sich in der Vorbereitung **die anderen Gäste genau anschauen**. So lasse ich mir beispielsweise in einer Vorbereitung eines Coachees auf einen Talkshowauftritt auch die Namen der anderen Gäste (sofern bereits feststehend, sonst arbeiten wir mit der etwas breiter angelegten Kategorie „von der Redaktion angefagt") geben und schaue mir deren andere Auftritte in Talkshows an. Wie treten sie auf? Welche Haltung haben sie? Wie sehr inszenieren sie sich auf Kosten anderer Gäste? Wie weicht beispielsweise die Wahrnehmung eines Schauspielers über seine Rollen von der Wahrnehmung seiner Persönlichkeit als Mensch in den Talkshows ab? Haben sich andere Gäste beispielsweise öffentlich für oder gegen Positionen meines Coachees geäußert? Kann man sie damit einbinden oder müssen wir mit Widerstand rechnen? Unterliegen sie noch einem antiquierten Mann/Frau-Rollenverhalten?

Auftritte in Talkshows müssen genau im Vorfeld analysiert werden, denn sie werden oftmals mit **Portrait-Interviews** verwechselt, wie man sie in der Regel mit Prominenten macht. Nur, weil man im Fernsehen ist, ist man noch nicht prominent oder mit Prominenten gleichgestellt. Portrait-Interviews konzentrieren sich darauf, eine Person oder eine Gruppe von Personen vorzustellen und ihre Geschichte zu erzählen. Damit sind wir bei den Schauspielern, die ihren neuen Film promoten, Sängern, die ihre neue CD vorstellen oder irgendeinem Fernsehkoch, der ein neues Buch mit Rezepten veröffentlichen will. Die inhaltliche Substanz dieser Medienauftritte ist überschaubar und manche Prominente sind nur deshalb prominent, weil sie sich gegenseitig in ihren Shows besuchen. Ich denke, wie können diese Form der Interviews für die Zielgruppe dieses Buches mit ruhigem Gewissen vernachlässigen.

Haben Sie dagegen ein Interview – welcher Art auch immer – gegeben, so kann durchaus ein **Follow-up-Interview** erfolgen, in dem weitere Fragen gestellt werden, oder die Informationen aus dem ersten Interview vertieft werden. Hier können investigative Elemente eine Rolle spielen, nachrichtliche Elemente oder auch personenbezogene Elemente wichtig sein. Oftmals auch eine Mischung aus allem, je nach inhaltlicher Richtung, die die Redaktion einschlagen möchte.

Oftmals werden auch **Telefoninterviews** als eigene Interviewgattung aufgeführt, was nicht korrekt ist, denn das Telefon ist lediglich das Medium, über das das Gespräch ge-

149 Bono kann zu jedem Weltthema etwas beisteuern.

führt wird. Beim Telefoninterview gilt es andere Dinge zu berücksichtigen: Von wo führen Sie das Telefonat? Aus **Ihrem Büro**, wo Sie normalerweise derjenige sind, der auch formal führt, Anweisungen erteilt und Entscheidungen trifft? Vorsicht: Mit dem Annehmen des Gesprächs in Ihrem „Zentrum der Macht" wird aus diesem **geschützten Bereich**, der für Sie und Ihre Belegschaft klar definiert ist, eine **öffentliche Bühne**, weil auch hier ein Medienvertreter den Raum betritt, wenn auch nur am anderen Ende der Telefonleitung. Gehen Sie für dieses Gespräch lieber in einen **Konferenzraum** oder ein anderes, freies Büro. Sie werden sich in dieser Umgebung anders verhalten, werden fokussierter auf die Inhalte sein und sich nicht in der falschen Sicherheit wiegen, dass Sie die volle Kontrolle über das Gespräch haben. Die Kontrolle liegt stets bei Ihrem Anrufer, der die Fragen stellt. Die **Führung** müssen Sie wiederum in den Antworten übernehmen.

Telefoninterviews sollte man im dritten Jahrtausend nur noch dann führen, wenn es fürs Radio ist, oder man der schnellen Informationsübermittlung gerecht werden möchte. In der Regel ist seit Corona das **Videointerview** deutlich nach vorne gerutscht in der Attraktivität. Sie haben darüber hinaus natürlich die Möglichkeit, mit **Mimik und Körpersprache** (wenn die Kamera ordentlich ausgerichtet ist) zu überzeugen, beziehungsweise weitere wichtige Akzente zu setzen. Hier ist Teams sehr weit verbreitet, jedoch ist Zoom meiner Ansicht nach besser geeignet. Vorteil Teams: Es ist in Windowsprogrammen kostenlos enthalten, Zoom kostet extra. Allerdings hatte ich in der Hochphase der Pandemie über eintausend Stunden im Jahr online mit Zoom – und so gut wie keine technischen Probleme, während Teams immer wieder Scherereien verursacht hat. Somit ist mein Entscheidungsbild hier deutlich zugunsten von Zoom geprägt.

12.5 Einige grundsätzliche Tipps

Unabhängig davon, welche Form von Interview Sie mit Medien erwartet – es gibt eine ganze Reihe von **grundsätzlichen Tipps**, wie man sich in Interviews verhalten sollte. Bitte beachten Sie, dass ich hier aus den Praxiserfahrungen heraus durchaus einige Punkte habe, die von der gängigen Lehrmeinung abweichen. Wenn Sie Zweifel oder Fragen zu den Sichtweisen haben, schreiben Sie mich bitte an. Meine Kontaktdaten finden Sie am Ende des Buches.

Klar kommunizieren

Klare Kommunikation ist besonders attraktiv. Stellen Sie sicher, dass Sie dem Interviewer klar und präzise antworten. Vermeiden Sie lange und komplizierte Sätze, die den Interviewer oder seine User verwirren könnten. Wenn Sie das Gefühl haben, dass der Interviewer Ihre Antwort nicht verstanden hat, **fragen Sie bitte nicht nach**, ob er Ihre Aussage richtig verstanden hat, sondern verpassen Sie Ihrer Antwort eine **klare Aussage am Schluss**, die keine Zweifel aufkommen lässt, wie Ihre Position ist. Wenn man das Interview anreichert mit Formulierungen nach der Art „Haben Sie das verstanden?", wirken Sie eher belehrend als bereichernd für die Menschen, die ihr Interview in den Medien lesen oder sehen.

Aktiv zuhören

Natürlich müssen Sie **aktiv zuhören**: Achten Sie darauf, was der Interviewer sagt, und stellen Sie sicher, dass Sie die Fragen richtig verstehen. Wenn Sie sich unsicher fühlen, bitten Sie den Interviewer auf gar keinen Fall darum, die Frage noch einmal zu stellen. Wenn Sie Pech haben, liest er die Frage noch einmal genau so vom Zettel ab, wie er sie bereits gestellt hat – nur etwas lauter. Dadurch erhöht sich jedoch nicht das inhaltliche Verständnis der Frage. Zwingen Sie ihn deshalb, die Frage umzuformulieren, damit der Sinn sich Ihnen besser erschließt, oder sie etwas Zeit gewinnen nach einer Antwort zu suchen für den Fall, dass Sie die Frage sehr wohl verstanden haben, aber noch etwas Puffer benötigen. Deshalb ist es besser zu formulieren: *„Worauf wollen Sie mit der Frage hinaus?"*

Wenn Sie sich nach der erneuten Frage immer noch unsicher sind, was gemeint sein könnte, schicken Sie Ihrer Antwort eine interpretierende Formulierung der Frage voraus und antworten dann direkt und ohne Pause sofort auf die von Ihnen formulierte Definition. Zum besseren Verständnis: *„Wenn ich Sie richtig verstehe, dass Sie damit auf die Zahl unserer Arbeitsplätze ansprechen, dann kann ich Ihnen versichern, dass wir bei uns im Vorstand..."* So ist es richtig.

Falsch wäre hier die Gegenfrage: *„Wollen Sie auf die Zahl der Arbeitsplätze hinaus?"* In diesem Fall kann der Interviewer Sie mit einem „Nein" wieder komplett auf seine Agenda bringen oder Sie rhetorisch und formal aushebeln. Sie wissen doch: Wer antwortet, führt. Also führen Sie mit Ihrer Antwort und fügen die Antwort **nahtlos** an Ihre Definition der Frage an. Man kann (!) diese Methode auch als **Joker** einsetzen, wenn man die Absicht der Frage ganz genau verstanden hat, aber dennoch **umdeuten** möchte. Das gelingt in Talkshows, auf Podien und im zeitlich limitierten Live-Interview in einem TV-Format wie Tagesthemen oder Heute-Journal leichter als im Interview vor Ort oder gar im schriftlichen Interview. In der Live-Situation passiert es oft, dass der Journalist zwar denkt: *„Ich habe die Frage zwar anders gemeint, aber so wie der Gesprächspartner es verstanden hat, hat er eine gescheite Antwort gegeben."* Punkt. Satz. Sieg.

Für denjenigen, der mit der Antwort führt.

Fokussiert bleiben

Stellen Sie sicher, dass Sie auf das **Thema** des Interviews **fokussiert** bleiben. Vermeiden Sie es, abzuschweifen oder sich in irrelevanten Details zu verlieren. Wenn der Interviewer wiederum von einem Thema abschweift, bringen Sie das Gespräch freundlich zurück auf das Thema. Um sich selbst vor inhaltlichem Abdriften zu schützen, fokussieren Sie sich ausschließlich auf das, worüber Sie sprechen möchten. Die **Zielsetzung** des Gesprächs aus Ihrer (!) Sicht dürfen Sie sich nicht aus der Hand nehmen lassen. Wenn Sie mit Ihrem Stab vorher noch einmal durchgehen, worüber Sie alles nicht sprechen möchten, haben Sie genau diese Punkte aktiv und attraktiv vor Augen.

Ehrlich bleiben

Vermeiden Sie es – bei aller Begeisterung für Ihr Thema – zu **übertreiben** oder zu **lügen**, um einen bestimmten Eindruck zu erwecken. Wenn Sie nicht sicher sind, wie Sie eine Frage beantworten sollen, sagen Sie das **ehrlich** und bieten Sie an, später darauf zurückzukommen. Bedenken Sie, dass Sie an Ihren Antworten gemessen werden und ein Interview so gut wie nie deswegen bewertet wird, weil eine Frage mal etwas holprig formuliert wurde. Auf die **Antworten** kommt es an. Wir sind wegen der Antworten auf die Fragen Zuschauer und nicht wegen der Fragen gekommen. Selbst, wenn uns die Fragen sehr interessieren: Wir möchten die Antworten kennen. Fragen belasten uns, sie beschäftigen uns noch kurz vor dem Einschlafen und halten uns negativ in der Spannung. Wenn wir die Antworten kennen, können wir loslassen.

Nicht ausschweifen

So sehr Sie auch an Ihren Inhalten hängen: Sie werden redaktionell auch an Ihrem **Zeitmanagement** gemessen. Natürlich ist es Aufgabe der Medien dafür zu sorgen, wann eine Moderatorin das Gespräch beenden muss, damit die Sendung im Zeitrahmen bleibt. Bei Printmedien ist die Seitenzahl limitiert, bei Webseiten erfolgt die Limitierung durch das Userverhalten der Community: Wer liest noch Meterlangen Text auf Webseiten? In der Regel sind **Antwortlängen zwischen 20 und 60 Sekunden** angemessen. Bei Radiointerviews in Wellenformaten eher 20 bis 40 Sekunden und beim Deutschlandfunk, NDR info und ähnlichen Programmformaten darf es auch mal eine Minute sein. Anders ist es bei einem Präsenzinterview vor Ort: Wenn Sie das Gefühl haben, dass das gesamte Interview zu lange dauert oder dass der Interviewer zu viele Fragen aus viel zu vielen Fachbereichen stellt, können Sie höflich vorschlagen, dass Sie später einen **weiteren Termin** vereinbaren, um weitere Fragen zu beantworten. Geschickter ist es natürlich, wenn dies jemand macht, der Sie beim Termin begleitet und für die Kommunikation Ihrer Organisation verantwortlich zeichnet. Es ist zwar derselbe Vorgang, aber wenn es ein **Kommunikationsverantwortlicher** macht, ist es Dienstbeflissenheit – wenn Sie es als Interviewgebender tun, kann man es als Flucht interpretieren.

Botschaften im Vorfeld klar definieren

Dass Sie sich im Voraus überlegen, welche **Botschaften** Sie vermitteln möchten und welche **Informationen** Sie teilen möchten, ergibt sich aus dem Titel dieses Buches. Doch Sie müssen nicht nur wissen, dass Sie führen, sondern auch in welche Richtung Sie führen möchten und wie es dort mit der Kommunikation weitergehen soll. So entsteht eine **langfristige Strategie** in Ihrer Interview-Kommunikation.

Verständlich bleiben

Wenn Sie in einem Fachgebiet tätig sind, vermeiden Sie es, **Fachjargon** zu verwenden, der für den Interviewer möglicherweise schwer zu verstehen ist. Verwenden Sie stattdessen **klare und verständliche Sprache**, die für jeden verständlich ist. In jedem Fachbereich gibt es Formulierungen, die uns wie selbstverständlich über die Lippen kommen, außerhalb jedoch für schwere Irritationen sorgen. Beispielsweise ist der Satz *„Wir entsorgen unsere Kunden"* für einen Logistiker vollkommen neutral und positiv, während er für Sie vermutlich negativ oder zumindest irritierend wirkt. Der „Lokführer" ist für einen ICE ein absolut falscher Begriff (Die „Lok" und der „Triebwagen" sind technisch zwei unterschiedliche Fahrzeuge). Das hat für die Innenkommunikation enorme Bedeutung – für die externe eher nicht. Sprechen Sie so, dass Sie verstanden werden. Selbst dann, wenn Sie sich mal vorübergehend von einem Fachterminus verabschieden müssen. Was wollen Sie erreichen? Dass die Menschen draußen Ihre Fachbegriffe lernen, oder rasch und effektiv mit der von Ihnen gewünschten Zielsetzung verstanden werden?

Keine Kopie der Rohdateien erfragen!

Immer wieder wird der Tipp verbreitet, man solle bei einer Aufnahme des Interviews den Gesprächspartner bitten, dass man ebenfalls eine **Kopie** davon erhält. Das ist **unsinnig** und sorgt nur für **Mehraufwand** in der Abstimmung und Verstimmung beim Interviewenden. Gehen wir es einmal der Reihe nach durch: Wenn Sie einen der folgenden Sätze hören:

- Wir bringen das groß als Aufmacher.
- Wir schicken Ihnen jemanden vorbei.
- Sie erhalten einen Mitschnitt / ein Belegexemplar.

Dann hören Sie gerade eine der drei großen Lebenslügen von Journalisten. In der Regel kommt dann doch niemand zum Termin, der Aufmacher wird dreimal verschoben und einem Mitschnitt oder Belegexemplar laufen Sie ewig und drei Tage hinterher. Natürlich gibt es löbliche Ausnahmen. Das Fernsehen wird Ihnen das Rohmaterial auf keinen Fall zur Verfügung stellen. Der Hörfunk gibt sein Material auch ungerne heraus und warum sollte ich als Interviewführender mein MP3-File mit Ihnen anschließend teilen? Haben Sie ein Mobiltelefon? Fein. Das besitzen Sie auch eine **Diktiergeräte-Funktion** in einer App. Nutzen Sie diese und sagen Sie beiläufig: *„Oh, dann mache ich auch mal einen Mitschnitt, falls ich etwas sage, was wir auch für unsere internen Medien gut nutzen können."* In Wirklichkeit senden Sie damit nur ein anderes **wichtiges Signal**, das journalistischem Missbrauch vorbeugt: *„Nicht nur Du hast einen Mitschnitt, sondern ich auch."*

Im Konkreten bedeutet das Folgendes: Eine Journalistin eines Print-/Online-Mediums macht einen Mitschnitt des Interviews. Vereinbart ist die Autorisierung von Zitaten. In der redaktionellen Verarbeitung spitzt sie einige Aussagen zu – es kommt zum Konflikt. Die Journalistin blufft: *„Sie wissen, ich habe einen Mitschnitt vom Gespräch. Wir können uns* *die 58 Minuten gerne jetzt noch einmal gemeinsam am Telefon anhören und überprüfen."* – Viele Gesprächspartner knicken dann ein und sagen sich: *„Naja, die hat einen Mitschnitt. Dann wird das schon stimmen."* – **Aber Vorsicht:** Genau dann, wenn Sie dieses Zitat freigeben, haben Sie es gesagt. Selbst dann, wenn Sie es laut MP3-File nachweislich nicht gesagt haben. Weiß die Journalistin jedoch, dass Sie einen Mitschnitt haben, kann sie den Bluff nicht bringen.

Das ist der **Nachteil der Autorisierung**: Man kann nicht nur Dinge rausstreichen, die man nicht mehr im Gespräch drin haben möchte, sondern man kann auch Dinge reinredigieren, die vorher noch nicht im Gespräch vorgekommen sind. Bitte beachten Sie: Sie haben einen Rechtsanspruch darauf, korrekt zitiert zu werden. Sie haben keinen Rechtsanspruch darauf, dass Sie Zitate vor der Veröffentlichung vorgelegt bekommen. Das ist stets Verhandlungssache mit dem jeweiligen Medium.

Was die Mitschnitte betrifft: Sichern Sie sich für unter 100 Euro die Vollversion einer **Capture-Software**, sichern Sie sich für unter 50 Euro eine Vollversion eines **YouTube-Downloaders**. Damit können Sie gut 80 Prozent der Mitschnitte selbst sichern und müssen Medien damit nicht auf die Nerven gehen. Im Ablauf einer tagesaktuell arbeitenden Redaktion ist es leicht gesagt, dass man einen Mitschnitt zukommen lässt, jedoch holt einen das Tagesgeschäft schneller ein, als man dachte und dann sind Sie nur noch eine lästige Nacharbeit längst vergessener Zeiten. Ich habe beispielsweise ein Premium-Abo von Save.TV, einem **Online-Videorekorder**, der so gut wie jedes Programm abdeckt.[150]

Höflich bleiben

Bleiben Sie während des gesamten Interviews **professionell** und **höflich**. Auch wenn Sie mit schwierigen Fragen konfrontiert werden oder sich in einer unangenehmen Situation befinden, sollten Sie höflich und respektvoll bleiben. Bedenken Sie bitte, dass es nicht die Fragen sind, die Ihnen unangenehm vorkommen. Wenn Sie der Auffassung sind, dass die Fragen schwierig oder unfair sind, dann sind Sie nur **schlecht** auf die Antworten **vorbereitet**. Die Frage kann Ihnen nur dann schwierig vorkommen, wenn Sie **Probleme mit der Antwort** haben. Ist die Frage objektiv schwierig, muss es an der Formulierung der Frage – und nicht an ihrem Inhalt – liegen. In diesem Falle hilft die Formulierung von einigen Zeilen oberhalb dieses Textes: *„Worauf wollen Sie mit Ihrer Frage hinaus?"* Dann kommt die Frage schon weniger schwer daher und Sie haben mehr Zeit zur Antwort. Wenn Sie wirklich diejenige/derjenige sind, die/der führt: Dann liegt es an der Antwort, den wirklichen Inhalt zu gestalten und die Interview-User zu fokussieren.

150 Ausnahme ist RTL, die mit Save.tv einen Urheberrechtsstreit führen – wogegen alle anderen Sender der RTL-Gruppe dort empfangbar sind. Die Vermutung liegt nahe, dass RTL damit sein kostenpflichtiges Angebot von RTL Now schützen möchte. Mit einer Capture-Software lassen sich jedoch auch RTL-Inhalte gut sichern. Bitte beachten Sie die aktuelle Rechtslage.

Kurze Antworten

Vermeiden Sie es, lange und komplizierte Antworten zu geben. Versuchen Sie stattdessen, Ihre Aussagen **prägnant** und **auf den Punkt** zu bringen. Konzentrieren Sie sich auf die **wichtigsten Informationen**. Vor allem unter Druck gilt die Regel: **Kurze Antworten**. Unter Druck lange Antworten zu geben, sieht in der Regel aus wie eine Rechtfertigung nach Schuldvorwurf. Natürlich dürfen Sie mit der Gestaltung der Antworten versuchen, das Thema zu lenken. Aber wenn der Druck auf Ihre Organisation sehr groß ist, ist dieser Rahmen Ihrer Möglichkeiten deutlich eingeschränkt.

Ruhig bleiben

Selbst wenn der Interviewer herausfordernde oder unangenehme Fragen stellt, ist es wichtig, **ruhig und sachlich** zu bleiben. Vermeiden Sie es, emotional zu reagieren oder sich zu verteidigen. Bleiben Sie höflich und geben Sie klare und präzise Antworten. **Kontra-intuitives Handeln** kann Ihnen hier eine echte Hilfe sein: Wenn der erste Impuls ist, sich vehement und emotional zu verteidigen, hier eine Sekunde innezuhalten und dann ruhig und sachlich zu kontern. Haben Sie bitte immer vor Augen, dass die **Konfrontation** eine **journalistische Technik** ist, die absolut normal für den Umgang von Medien mit Ihnen ist. Vergleichen Sie diese Situation mit Ihrem Verhalten als Mediennutzer, als Zuschauerin und Zuschauer. Was erwarten Sie von einem Medium in einer demokratischen Gesellschaft: Es muss nachsetzen, es muss konfrontieren, es muss aufklären und es muss Defizite in der Argumentation offenlegen. Warum sollte das mit Ihnen anders sein? Klar ist doch: Wenn Sie gut vorbereitet in solche Mediensituationen gehen, dann sind Sie es, der mit den Antworten führt.

Gekonnt Improvisieren

Öfters als vermutet und gewünscht kommt es vor, dass der Interviewer unerwartete Fragen stellt oder das Gespräch in eine unvorhergesehene Richtung geht. Seien Sie bereit, zu **improvisieren** und sich auf neue Situationen einzustellen. **Besprechen** und **trainieren** Sie derartige Situationen im Vorfeld. Nicht jede Situation kann man vorhersehen und dafür eine individuelle Lösung anbieten. Aber man kann sehr wohl Fähigkeiten und Fertigkeiten vermitteln, mit denen Sie sich selbst helfen können, die übertragbar auf andere Kommunikationssituationen sind. Ein guter Kommunikationscoach wird Ihnen nicht nur Fähigkeiten im Umgang mit Medien vermitteln können, sondern Ihnen auch aufzeigen, wie Sie derartige Punkte beispielsweise für eine knifflige Betriebsversammlung nutzbar machen oder bei einer emotional geführten Bürgeranhörung einsetzen können.

Ein gewisser Mehrwert beim Coaching sollte schon gegeben sein.

Beziehungen aufbauen

Im Vorfeld des Interviews gibt es in der Regel ein **Vorgespräch**, ein paar Minuten Zeit für Smalltalk. Bauen Sie eine **Beziehung zum Interviewer** auf, ohne sich anzubiedern. Seien Sie freundlich und interessiert an dem, was er zu sagen hat. Stellen Sie auch eigene Fragen, um das Gespräch zu vertiefen und eine Verbindung herzustellen. In der Regel hilft es, wenn der Kommunikationsverantwortliche Ihrer Organisation dieses Gespräch einleitet und führt. Gelegentlich kann er auch einen Aspekt einbringen, der Gemeinsamkeiten schafft. *„Herr Weber hat übrigens jetzt auch ein Elektrofahrzeug."* Oder Ähnliches. Von außen betrachtet wirkt das zuweilen etwas aufgesetzt und künstlich. Das muss aber nicht sein, wenn man von innen auf die Situation schaut. Dennoch gibt es zuweilen Disharmonien, die zum Geschäft dazugehören. Nach einem Spiegel-Interview mit dem Vorstandsvorsitzenden sagte die Pressesprecherin: *„Das war ja ein Gespräch in einer wirklich guten Atmosphäre."* Daraus sprach vor allem ihre Erleichterung, da das Thema durchaus Spiegel-kritisch zu bewerten war. Antwort der Spiegel-Redakteurin, die sich offenbar von zu viel Harmonie im Interview absetzen wollte: *„Ob das hier eine gute Atmosphäre war, sehen wir ja dann später bei der Autorisierung und Ihren Sonderwünschen."* – Das fühlt sich nur aus der zeitlichen Distanz zu dieser Situation erträglich an. In Echtzeit gibt es eher das Gefühl eines Schlags auf den Solarplexus.

Keine vertraulichen Informationen im Gespräch teilen

Vermeiden Sie es, **ohne vorherige Absprache** unvermittelt **off-the-record** zu sprechen: Es ist ratsam, während des Interviews keine vertraulichen Informationen zu teilen, wenn es nicht zwingend für das Gesamtverständnis des Interviews notwendig ist. Im Zweifel lassen Sie diese Informationen über Ihren Sprecher im Vorfeld zum Gespräch platzieren oder lassen es im Nachgang durchreichen, wenn es dem Kontext des Interviews aus Ihrer Sicht zuträglich ist. Holen Sie bitte **stets** die zweite Meinung Ihres Kommunikationsverantwortlichen ein. Er schaut anders auf den Medienkontakt und steht in der Regel täglich mit Medienvertretern im Austausch, was sein Gesamtbild schärfer werden lässt, als es das Ihrige sein kann. Im Zweifel gilt: Wenn Sie Informationen teilen, stellen Sie sicher, dass Sie bereit sind, sie öffentlich zu machen. Dann geht hinterher auch nichts schief.

Keine Spekulationen!

Vermeiden Sie es, über Dinge wissend zu sprechen, die Sie nicht wissen. Wenn Sie Lücken haben, ist das in den meisten Fällen nicht problematisch. Ein echtes Problem haben Sie nur als Finanzverantwortlicher, wenn Sie nicht wissen, ob Sie im Plus oder Minus sind oder wenn Sie als Sicherheitsbeauftragter nichts über Arbeitssicherheit oder Arbeitsunfälle beisteuern können. Aber wenn Sie als CEO nicht genau wissen, wie derzeit das Textilgeschäft in Transnistrien oder der Weingummiabsatz in Wasiristan läuft, dann dürfen Sie durchaus auf die Experten aus diesem Bereich verweisen, Sie dürfen erwähnen, dass

Sie die Informationen **nachreichen** werden und – wenn Sie es etwas offensiver spielen möchten – Sie dürfen wörtlich sagen: *„Hätte ich gewusst, dass Sie es so genau wissen möchten, dann hätte ich es vorher heraussuchen lassen."* Damit fällt es dem Fragenden auf die Füße und nicht Ihnen.

Nehmen wir an, es geht weiter und man versucht Sie zum Spekulieren zu bewegen: *„Schätzen Sie doch mal!"* Natürlich könnten Sie jetzt schätzen und vermutlich wäre das auch Pi mal Daumen ganz zutreffend, wenn man die echten Zahlen später hinzuzieht. Aber wissen Sie das? Antworten Sie offensiv, aber freundlich: *„Sie haben eine konkrete Frage gestellt und Sie haben es auch verdient, dass ich Ihnen eine konkrete Antwort dazu gebe. Das geht aber derzeit nicht, weil ich die konkreten Zahlen nicht vorliegen habe. Das reichen wir nach."* Erneute Aufforderung zur Spekulation. Antwort: *„Ich sagte bereits, dass ich Ihnen eine konkrete Zahl dazu jetzt noch nicht geben kann. Es ist nicht meine Art, mit ungefähren und geschätzten Werten zu kommunizieren oder gar zu arbeiten. Wir suchen die konkrete Zahl heraus und dann teilen wir Ihnen das mit."* Ja aber. Erneute Antwort: *„Schauen Sie: Spekulationen bringen uns hier nicht weiter. Das nutzt Ihnen nicht, das nutzt uns nicht und das nutzt Ihren Zuschauern noch weniger. Deshalb suchen wir die konkrete Zahl heraus und reichen das nach."*

Natürlich kostet dies in der Antwort Haltung und Konsequenz, Konzentration und starke Nerven. Aber es wird in der Antwort geführt. Und Führung braucht nun einmal gelegentlich mehr Kraft, mehr Konzentration und stärkere Nerven als der sonstige Arbeitsalltag. Leben wir damit. Sie werden dafür bezahlt. Diese Formulierungen schützen Sie davor, weitere Angriffsflächen zu bieten.

Das bedeutet übergreifend für alle Punkte: **Seien Sie ehrlich!** Es ist unverzichtbar, ehrlich zu sein und keine falschen Informationen zu verbreiten. Wenn Sie nicht sicher sind, wie Sie auf eine Frage antworten sollen oder sich nicht erinnern können, geben Sie dies offen zu und bieten Sie an, später darauf zurückzukommen. Und wenn Sie es dennoch wissen, kann es hilfreich sein, so zu tun, als könne man sich nicht erinnern.

Nehmen Sie die Aussagen des ehemaligen Finanzministers Olaf Scholz zur Cum-Ex und Cum-Cum-Ex-Affäre zur Hand. Die Befragungen zu Wirecard und vieles mehr. Der sonst so präzise und detailversessene Scholz hat eine Fülle von Erinnerungslücken aufgezeigt, die uns ernsthaft Sorge bereiten müssten, wenn wir dies auf seine Kanzlerschaft übertragen. Weiß er morgen noch, dass er heute Waffenlieferungen freigegeben hat? Natürlich arbeiten Politiker vor Untersuchungsausschüssen gerne mit Gedächtnislücken, die zuweilen von gelöschten Mails[151] oder SMS[152] flankiert werden. Holen Sie im Zweifel vor besonders kritischen Interviews eine **rechtliche Beratung** ein, achten Sie auf die **Beson-**

151 Vgl. „Die Akte Scholz: Der Kanzler, das Geld und die Macht", Oliver Schröm und Oliver Hollenstein, 2022.

152 Vgl. Ursula von der Leyen.

derheiten für die Kommunikationsregeln für Unternehmen, die an der Börse gelistet sind, freiwillige Selbstbeschränkung und Codizes Ihrer Branche und so weiter.

Nicht alles, was für Großkonzerne notwendig ist, gilt für mittelständische Unternehmen oder umgekehrt. Parteien haben andere Bedürfnisse als Unternehmen, Verbände andere Anforderungen als ein Start-Up.

Eigenlob

Auch wenn die Versuchung groß ist: Vermeiden Sie es, sich oder Ihre Organisation selbst zu loben. Konzentrieren Sie sich stattdessen auf die **Fakten** und lassen Sie Ihre Arbeit für sich selbst sprechen. Achten Sie während des gesamten Interviews darauf, was der Interviewer sagt und wie er sich verhält. Achten Sie auf Körpersprache und Stimmung, um zu verstehen, was der Interviewer wissen möchte und wie Sie am besten darauf reagieren können. Zur Körpersprache, Stimme und Mimik kommen wir noch. Vermeiden Sie es, komplizierte Fachbegriffe oder Abkürzungen zu verwenden, die der Interviewer möglicherweise nicht versteht. Verwenden Sie stattdessen klare und einfache Sprache, um sicherzustellen, dass Ihre Aussagen verständlich sind. Versuchen Sie, präzise Antworten auf die gestellten Fragen zu geben. Reden Sie nicht um den heißen Brei herumzureden oder schweifen langatmig aus. Konzentrieren Sie sich auf die **Kernpunkte** Ihrer Antwort, wie Sie es zuvor mit Ihren Kommunikationsverantwortlichen einstudiert haben. Veranschaulichen Sie Ihre Aussagen durch **konkrete Beispiele**, das macht Sie wiederum glaubwürdig und transparent. Dies trägt dazu bei, dass Ihre Botschaften besser verstanden werden und im Gedächtnis bleiben. Das ist einer der Gründe, weshalb auch ich immer wieder Beispiele aus meiner redaktionellen Arbeit oder (anonymisiert) aus meinem Coaching mit einfließen lasse.

Im Notfall: Unterbrechen

Meistens wird auch empfohlen, dass man den Fragenden nicht unterbrechen sollte. Das ist richtig und falsch zugleich. Wir müssen uns genau anschauen, wie die Situation sich darstellt, denn in der einen Situation wäre das Unterbrechen **Gift** fürs Gespräch – an anderer Seite wäre es **Medizin**. Grundsätzlich mag gerne gelten: Lassen Sie den Interviewer seine Frage **vollständig** stellen, bevor Sie antworten. Unterbrechen Sie den Interviewer nicht und hören Sie aufmerksam zu, um sicherzustellen, dass Sie die gestellten Fragen vollständig verstehen.

Das funktioniert in einer konzentrierten, konstruktiven Situation bei fairem Gesprächsverlauf. Auch das **freundliche Nicken**, mit dem man dem Gesprächspartner signalisiert, seine Frage wertschätzend wahrzunehmen, dass man den Inhalt versteht und bereit für die Antwort ist, ist grundsätzlich nicht falsch und formell zu begrüßen. Was aber nimmt das Publikum wahr, wenn die Frage künstlich in die Länge gezogen wird, negative Schlussfolgerungen bisheriger Antworten zieht und eventuell sogar inhaltlich komplett **falsche** Darstellungen enthält?

Die zweitbeste Lösung wäre es, gar nicht zu reagieren und die Frage stoisch über sich ergehen zu lassen um dann wiederum konzentriert und fokussiert zu antworten. Ein Desaster wäre es hier zu Nicken. Dass Sie mit dem Nicken meinen *„Ich weiß, auf welchen Unfug Sie hier hinauswollen"* bekommt außer Ihnen niemand mit. Das Publikum wird verstehen, dass Sie den Vorwürfen, dem falschen Fazit und der unrichtigen Darstellung von Sachbezügen in der Frage **inhaltlich zustimmen** und damit bestätigen.

Tun Sie es nicht!

Versuchen Sie stattdessen, die **waagerechte Kopfbewegung**, die ein klares „Nein" beziehungsweise den **klaren Widerspruch** vermittelt. Meine Beobachtung zeigt, dass sich in der Regel die Frage verkürzt (was angesichts des Unsinns in der Frage vorteilhaft für Sie ist) und sich die Aufmerksamkeit beim Publikum erhöht (es gibt Widerspruch, das ist spannend).

Noch schlimmer wird es, wenn nach dem falschen Fazit eine neue Frage ein ebenfalls neues Themenfeld öffnet. Hier müssen Sie schnell entscheiden: Antworten Sie nun auf das **neue Themenfeld**, oder **widersprechen Sie der falschen Aussage**? Da ist es besser, den Fragenden bereits während des falschen Fazits zu **unterbrechen** und in den rhetorischen Widerstand zu gehen. Unterschätzen Sie dabei den Druck nicht, den Ihr Bedürfnis gemocht zu werden bei Ihnen auslöst. Dieses aktive Vorgehen kostet **echte Überwindung** und es fällt auch mir in derartigen Situationen nicht unbedingt leicht. Aber da müssen wir durch, denn sonst unterstützen wir die Verbreitung des Negativen. Verwenden Sie bei einer hartnäckigen Auseinandersetzung den Namen Ihres Gegenübers zum Unterbrechen. Die meisten Menschen reagieren schneller, wenn man ihren Namen in die Unterbrechung einbindet.

Standardfragen immer und immer wieder vorbereiten

Ein letzter, wichtiger Tipp an dieser Stelle: Rufen Sie sich immer wieder die **Standardfragen** auf, selbst wenn sie diese bereits seit Jahren immer wieder beantworten. So stellen Sie sicher, dass bei naheliegenden Fragen keine Überraschungsmomente und Verzögerungen in der Antwort auftreten. Nirgendwo auf der Welt steigen Pilotin und Copilotin in ein Cockpit, schauen sich an und sagen: *„OK, wir wissen ja wie's geht. Fliegen wir mal los."* Auch hier gibt es Routinen, Abfragen und Kontrollen. Immer wieder gehen die beiden die Abläufe durch – selbst dann, wenn Sie bereits seit zehn Jahren zusammen in der Luft sind. Warum machen wir das nicht auch mit **Basisfragen**, die da lauten *„Was bedeutet das denn für die Arbeitsplätze?"*, *„Wie halten Sie es denn mit dem Umweltschutz?"*, *„Wie garantieren Sie die Produktsicherheit?"* oder *„Wofür steht denn Ihre Marke?"*.

Bei derartig einfachen Fragen kommt es vor allem auch auf die **Schnelligkeit** an, mit der Sie antworten. Da kann eine banale Frage enorme Auswirkungen hervorrufen. Beispielsweise eine Briefing-Frage an Kandidaten einer Landtagswahl: *„Was ist für die Menschen in Ihrem Wahlkreis denn derzeit das wichtigste Thema?"* – Lange Nachdenkpause.

Im Interview wäre hier die Kandidatur ernsthaft gefährdet: Wie soll man jemanden wählen können, der im Interview soeben preisgibt, dass er über die Themen, die die Menschen in seinem Wahlkreis bewegen, erst noch 38 Sekunden nachdenken muss? Wenn das viral geht und Verbreitung erfährt, ist der Wahlkampf an dieser Stelle bereits für ihn beendet.

Ich nenne solche Fragen stets *„Drei-Uhr-Tiefschlaf-Fragen"*. Motto: Wenn man Sie um 3 Uhr morgens weckt, müssen Sie das beantworten können, sich rumdrehen und weiterschlafen.

Haltung bewahren

Achten Sie auf Ihre **Körperhaltung** und Ihre **Stimme**. Seien Sie selbstbewusst und freundlich und sprechen Sie in einem angemessenen Tonfall. Spiegeln Sie nicht das Negative aus der Frage in Ihrer Antwort (*„Nein, wir werden nicht 100 Menschen ihrem Schicksal überlassen."*) und übernehmen auch nicht das Tempo schnell formulierter Fragen oder lassen sich durch deren Kürze zu einer schnelleren Sprechweise verleiten (*„Ach?"*, *„Nicht Ihr Ernst, oder?"*, *„Und das soll erfolgreich sein?"*). Vermeiden Sie es, zu schnell oder zu langsam zu sprechen, und versuchen Sie, **Augenkontakt** mit dem Interviewer zu halten.

Wenn das Gespräch schwierig oder unangenehm wird, greift in unserem Geist der **Fluchtreflex**. Das mag natürliche Ursachen haben, führt jedoch zu unnatürlichen Folgen. Dadurch, dass wir im Interview nicht einfach weglaufen können, wollen wir die Situation auf andere Art schnell hinter uns bringen: Wir sprechen **schneller**, denn dann ist es schneller vorüber.

Fatal.

Wenn wir schneller sprechen, hat unser Kopf weniger Zeit zum Denken. Wenn wir weniger Zeit zum Denken haben, geraten wir mehr unter **Stress**. Wenn wir mehr unter Stress geraten, wollen wir schneller weg. Dadurch, dass wir im Interview nicht einfach weglaufen können, wollen wir die Situation schnell hinter uns bringen: Wir sprechen schneller. (Ab hier können Sie diesen Absatz immer wieder wiederholen.)

Kontraintuitives Handeln hilft: Wir sprechen langsamer, lassen uns Zeit. Wenn wir bereits zu Beginn des Interviews **langsam**, aber **klar** sprechen, gewöhnt sich unser Gehirn an diese Abläufe und fühlt sich damit **komfortabel**. Wenn wir nun an den Stellen, an denen wir unter Druck geraten, **dieses Tempo beibehalten**, die zur Verfügung stehenden Sekunden nun aber wirklich benötigen, klare Gedanken zu fassen und entsprechend zu formulieren, merkt der Fragende überhaupt nicht, dass wir an dieser Stelle unter Druck geraten und wir wirken deutlich **souveräner**.

Achten Sie darauf, was Sie mit Ihrer **Körpersprache** vermitteln (möchten). Sitzen Sie **aufrecht** und **schauen Sie den Interviewer an**, um Interesse und Selbstbewusstsein auszustrahlen Vermeiden Sie es, zu zappeln oder nervös zu wirken. Das ist leichter gesagt als getan. Wir können unsere Nervosität zu einem wesentlichen Teil über unsere **Atmung** kontrollieren und abbauen. Wer Yoga oder Mediation macht, lernt zahlreiche Techniken und Rhythmen, wie im Wechsel zwischen Nase und Mund die Atmung zu kontrollieren sei.

Atmung kontrollieren

Atmung durch die Nase dauert länger als durch den Mund und führt oftmals zu Atemgeräuschen, die in der Nähe eines Mikrofons eher störend sind. Darüber hinaus muss man beim Sprechen zwischen Nasen- und Mundatmung ständig hin und her schalten. Ferner müssen wir uns kurz mit dem Nasenzyklus befassen, von dem Sie vermutlich noch nicht viel gehört haben. Der Nasenzyklus bezieht sich auf die periodische Veränderung der Durchgängigkeit der Nasenlöcher. Es gibt eine natürliche Abwechslung zwischen der dominanten Nasenhälfte, die eine höhere Luftdurchlässigkeit aufweist, und der nicht-dominanten Nasenhälfte, die wiederum eine geringere Durchlässigkeit hat. Dieser Wechsel erfolgt etwa alle zwei bis sechs Stunden und wird durch die Schwellung und Kontraktion der Nasenschleimhaut verursacht. Die Vorteile des Nasenzyklus sind eine gleichmäßigere Belastung der Atemwege, eine verbesserte Geruchswahrnehmung und eine Verringerung von Schleimhautirritationen. Im Klartext bedeutet das aber für unsere Atmung, dass oftmals nicht beide Nasenlöcher komplett fürs Luftholen zur Verfügung stehen. Auch das führt zu Stress.

Im Coaching mache ich die Beobachtung, dass es manchen Menschen wirklich schwerfällt, konsequent durch den Mund zu atmen. Es ist für den Körper viel weniger Stress, wenn wir den Mund bereits leicht geöffnet haben, bevor wir die erste Antwort geben. Faustformel: Bei geschlossenem Mund liegt ein Zahnstocher quer zwischen den Lippen. Der Abstand, der entsteht, wenn Sie den Zahnstocher entfernen, genügt völlig. Die **Mundatmung** können wir auch erzwingen: Wir verstopfen uns die Nasenlöcher mit einem Teil eines Papiertaschentuches und kleben von unten ein kleines Pflaster dagegen, damit diese nicht aus der Nase fliegen. Das machen wir nur zu Hause und nicht auf der Straße oder im Büro. Irgendwann hat sich der Körper daran gewöhnt und kann diesen Effekt abrufen. Beim Yoga oder der während der Meditation atmen Sie wieder so, wie Ihre Coaches es von Ihnen erwarten.

Aufrecht sitzen

Im Sitzen achten wir bitte auf eine **aufrechte Sitzhaltung**. Sie signalisiert Selbstbewusstsein und Aufmerksamkeit. Lehnen Sie sich nicht zu weit zurück, um nicht desinteressiert zu wirken, und vermeiden Sie es, sich nach vorne zu beugen, um nicht aufdringlich zu wirken. Dennoch ist es ratsam bei besonders wichtigen Themenbereichen eine leichte Andeutung nach vorne zu machen oder sich grundsätzlich etwas weiter vorne zu positionieren, um Ihren Aussagen mehr Nachdruck zu verleihen.

Spiegeln

Aus den Trainings für Bewerbungsgespräche wissen wir, dass das **Spiegeln der Körpersprache** Gemeinsamkeit suggeriert. Das ist im Interview unter Umständen nur bedingt sinnvoll. Setzten Sie es nach Gefühl ein – oder auch nicht. Wenn Ihnen auffällt, dass Ihr Gegenüber dieses Imitieren der Körpersprache bemerkt und gewissermaßen Kontrollmechanismen in seiner Körperhaltung einbaut, um genau dies zu überprüfen, lassen Sie es sofort sein. Viel wichtiger ist, dass Sie den Interviewer anschauen: **Blickkontakt** ist wichtig, um Vertrauen aufzubauen und Interesse zu zeigen. Schauen Sie dagegen ruhig weg, wenn Sie nachdenken oder eine Pause machen. Ihr Blick darf durchaus schweifen, wenn er bei den **konkreten Punkten** Ihrer Aussagen wieder den Blick des Gegenübers trifft. So können Sie zeitgleich überprüfen, ob Ihre Aussagen verstanden wurden; ob die Wichtigkeit der Aussage angekommen ist.

Ablenkungen vermeiden

Vermeiden Sie jegliche Form von **potenziellen Ablenkungen**: Vermeiden Sie es, mit Gegenständen oder Ihrem Telefon zu spielen, da dies Unruhe und Desinteresse signalisiert. Das eigene Telefon gehört in die Aktentasche. Wenn es in Ihrer Hosentasche vibriert, kann es auch klingeln: Die Ablenkung für Sie ist dieselbe. Im Zweifel liegt das Display nach unten und ist stumm. Ein Mobiltelefon, dessen Vibrieren man hört, ist nicht stumm. Sollten Sie trotz Interview das Mobiltelefon zwingend im Blick halten müssen, sprechen Sie dies **zu Beginn des Gesprächs** offen an. Jeder hat Verständnis dafür, dass Sie auf die Diagnose des Kinderarztes warten, oder den wichtigen Anruf des Investors aus Übersee. Vermeiden Sie dann jedoch jede andere Unterbrechung durchs Smartphone. Vor allem Anrufe, die Sie mit *„Ich rufe Dich gleich zurück“* darüber hinaus annehmen. Solche Unterbrechungen vermeidet Ihre Mobilbox, die für Sie Anrufe entgegennimmt. Oder die „Anrufliste in Abwesenheit“.

Natürlich agieren

Stimmige Bewegungen mit den Händen und daraus gestaltete Gesten tragen dazu bei, Ihre Aussagen zu unterstreichen und das Interesse des Interviewers zu gewinnen. Vermeiden Sie jedoch übermäßige oder unnatürliche Gesten. Vor allem, wenn Gesten hart eingecoacht werden, fehlt ihnen oft die **Natürlichkeit**. Man darf auf keinen Fall den Eindruck haben, dass man während Ihrer Antworten einer Inszenierung beiwohnt. Im Zweifel lieber eine etwas weniger ausdrucksstarke Gestik zur Vermeidung einer hölzernen Gestik, die steif und unecht wirkt. Natürlich ist die Mimik genauso wichtig, insbesondere dann, wenn man bei einer Videoschalte Ihre Hände oft nicht sieht. Setzen Sie die Hände dennoch ein. Merksatz: Hängen die Arme, hängt das Gesicht. Die **Hände** sind unverzichtbar zur Unterstützung einer **stimmigen Mimik**.

Ihr Gesichtsausdruck kann viel über Ihre Einstellung und Emotionen verraten. Oder auch nicht. Noch immer werden Sätze wie *„Wir sind sehr zuversichtlich…"* mit einer Mimik vorgetragen, die auch auf einer Beerdigung gut funktioniert. Nur ist sie auf der Beerdigung glaubwürdig – und bei der Verkündung der frohen Botschaft nicht. Versuchen Sie grundsätzlich, ein freundliches und interessiertes Gesicht zu machen, um dem Interviewer zu zeigen, dass Sie engagiert bei der Sache sind. Ich verwende in meinem Coaching den Begriff der *„gesichtsöffnenden Signalworte"*. Sie kommen vermutlich inzwischen schon von selbst darauf, was ich damit meine: Nachhaltig. Freude. Expansion. Erfolg. Umwelt. Menschen. – all solche Begriffe, die wir gerne mit einer offenen Mimik vermitteln und dadurch erst Glaubwürdigkeit entfalten.

Körperliche Barrieren stören

Versuchen Sie, **körperliche Barrieren** zwischen Ihnen und dem Interviewer zu vermeiden, wie zum Beispiel verschränkte Arme oder Beine. Diese können Abwehrhaltungen signalisieren oder auch irrtümlich für solche gehalten werden, während Sie einfach nur bequem sitzen möchten. Ein Laptop sollte nicht frontal zwischen Ihnen stehen. Er verdeckt mehr von Ihrer Körpersprache als Sie vermuten. Ein Laptop steht näher bei Ihnen als beim Gast. Sie schauen über den Laptop drüber und sehen vom Interviewer die komplette obere Körperhälfte. Ihr Gegenüber sieht vor allem eine wichtige Sache nicht: Ihre beiden **Hände**.

Die Körpersprache kann der Situation angepasst werden, wenn das Gespräch eher locker und informell ist. Aber für Männer wichtig: Knöchel über Knöchel und Knie über Knie. Niemals (!) nehmen wir die extrem bequeme Köperhaltung „Fußknöchel liegt locker auf dem Knie" ein. Ich nutze diese Körperhaltung auch – aber niemals wenn eine Frau mit im Raum ist oder der männliche Gesprächspartner im Raum diese Haltung nicht zuerst einnimmt. Selbst auf Podien und im TV sieht man diese Körperhaltung immer wieder.

Vermeiden Sie es, mit den Augen zu rollen oder andere negative Gesichtsausdrücke zu machen, wenn Ihnen eine Frage nicht gefällt. Dies kann den Interviewer verärgern, beleidigen oder im ungünstigsten Fall für Sie dazu motivieren, die nächsten Fragen etwas knuspriger zu formulieren. Diese als negativ bewerteten Gesichtsausdrücke sind durch reine Konzentration in den Griff zu bekommen. Vermeiden Sie darüber hinaus, nervöse körperliche Ticks sichtbar zu machen, wie zum Beispiel mit dem Fuß zu wippen oder ständig die Fingerknöchel weiß und blutleer zu kneten.

Kleidung: angemessen und bequem

Ziehen Sie zum Gespräch, zum öffentlichen Auftritt unbedingt **angemessene Kleidung** an, wählen Sie dabei jedoch jene Kleidung aus, in der Sie sich für diesen Auftritt besonders wohl fühlen. Den etwas bequemeren Anzug, die etwas bequemeren Schuhe oder das Kleid, welches Ihnen das beste Gefühl gibt. Nagelneue Schuhe, die noch nicht eingelaufen sind, sind für den Messeauftritt mit anschließender Podiumsdiskussion beim Abendempfang nicht unbedingt die beste Wahl.

13. Zu guter Letzt: Die Letzte Generation

„Wichtig! Presse ist nicht unser Freund (…) Sie sind Teil des toxischen Mediensystems und wollen primär ihren Profit/Klicks.“[153]

Die Letzte Generation ist eine der bekanntesten Klimaschutzorganisationen, die in kurzer Zeit nicht nur internationale Aufmerksamkeit erregt hat, sondern es auch geschafft hat, über ihre Protestformen sogar in die Alltagssprache einzudringen. Selbst wenn Begriffe wie „Klimakleber“ letztlich aus dem Boulevard stammen, so sind sie klar von anderen Organisationen unterscheidbar.

Anfang 2023 sprach ein Vertreter von Ver.di bei Warnstreiks im Öffentlichen Dienst und der Kooperation mit der Organisation Fridays For Future (FFF) in Interviews fast schon liebevoll von „den Fridays“. Kommunikativ haben wir nun die Kleber und die Fridays auf dem Medienplan. Damit kann man arbeiten.

Mit Protest in den Alltag der Menschen einzudringen auf die Art und Weise, wie es die Letzte Generation macht, spricht für eine **zielgerichtete PR-Strategie**, in der natürlich vor allem die Medien eine wichtige Rolle spielen. Deswegen wird auch innerhalb der Organisation der Medienarbeit und dem Umgang mit Journalisten breiter Raum eingeräumt. Die alte Medienweisheit *„Ein Ereignis, über das die Presse nicht berichtet hat, hat nicht stattgefunden“* ist zwar durch unser aller Aktivitäten auf Social-Media-Plattformen ins Wanken geraten, aber im Kern stimmt es noch immer. Laut internen Unterlagen der Organisation dauert die durchschnittliche Störung durch das Blockieren von Straßen und dem Ankleben auf der Fahrbahn gut zwei Stunden. Das Ankleben mit Sekundenkleber erfolgt erst kurzfristig beim Eintreffen der Polizei. Sie werden Bildmaterial kennen, wo wütende Autofahrer versuchen die Straße selbst wieder freizuräumen. In dieser polizeifreien Zeit wäre es nicht schlau, sich mit der Hand auf den Asphalt zu kleben. Die Letzte Generation kann folglich einen wesentlichen Teil ihres Protestes erst unter Polizeischutz umsetzen, wenn sie schwerere Verletzungen an den Händen vermeiden möchten.

Auch ist es erforderlich, die Aktionen selbst in Foto und Video zu dokumentieren, denn den Grund der Störung erleben schließlich nur die ersten Reihen der Autofahrer. Wer 300 Meter weiter hinten im Stau steht, bekommt von Klimaklebern nichts mit. Nur, dass er schon eine Weile im Stau steht.

Die Letzte Generation muss sehr auf die Wahrnehmung der Aktionen in Presse und Öffentlichkeit achten, damit sich ihr Image nicht innerhalb weniger Berichterstattungstage komplett ins Negative dreht und vor allem braucht sie durch die klare Kommunikation nach innen eine solide Grundlage, damit ihr die Aktivisten nicht ausgehen, die nach und nach vor Gericht gestellt werden und die in internen Dokumenten dazu aufgefordert

153 zit. nach internen Schulungsunterlagen der Letzten Generation.

werden, wegen der höheren medialen Wirkung keine Geldstrafen zu akzeptieren, beziehungsweise zu bezahlen und stattdessen ins Gefängnis zu gehen. Als Bayern dazu überging, eine Präventivhaft zu verhängen, wurden Aktivisten aufgefordert, gezielt in Bayern aktiv zu werden, weil die Härte des Vorgehens die Reihen intern schließt und nach Außen die eigenen Aktivitäten medial und inhaltlich aufwertet. Wer bereit ist, eine Haftstrafe für seine Ziele anzutreten, ist offenbar idealistischer als jemand, der mit 300 Euro Geldstrafe davonkommt. Und somit medial auch deutlich wertvoller.

Meines Eindrucks nach ist bei der Letzten Generation vor allem die **interne Kommunikation** für den Zusammenhalt der Organisation besonders wichtig. „Wer antwortet, führt" gilt hier vor allem bei internen Meetings, internen Dokumenten.

Die inhaltliche Strategie der Letzten Generation wird durch so genannte *„Frames und Messaging"* ausgedrückt, die von der Führungsebene der Organisation regelmäßig aktualisiert und dann in eine Art Leitlinien an die Aktivisten weitergegeben werden. Allerdings soll dabei die Strategie der Maximierung der öffentlichen Aufmerksamkeit ausdrücklich nicht erwähnt werden, so die Anweisungen an die untergeordneten „Aktivisti". Das Narrativ der Graswurzelbewegung, der emotional bewegten jungen Menschen, soll aus Imagegründen unbedingt aufrechterhalten werden. Da wäre ein Einblick in die wirklichen Ziele und Vorgehensweisen zutiefst (ver)störend.

Der Erfolg der Organisation wird intern sehr detailliert über Anzahl, Tendenz und Reichweite der Mediennennungen festgehalten. Das Ziel ist, möglichst viel Aufmerksamkeit zu erreichen. Dafür sind die Medien, bei aller Systemkritik durch die Organisation selbst, ein besonders wichtiges Instrument. Pressemitteilungen wurden im Winter 2022/2023 etwa alle 1,5 Tage verschickt und bei Nutzung von Pressefotos muss keine Quelle angegeben werden. So trägt man an dieser Stelle dazu bei, dass die Presse die Option nutzen kann, sich nicht dem Vorwurf auszusetzen, man würde PR-Material einer Aktivistengruppe weiterverbreiten.

Jede Aktivität wird unter Berücksichtigung der medialen Wirkung geplant und durchgeführt. Das gilt sowohl für Blockadeaktionen als auch für Gerichtstermine oder Gespräche mit der Politik. Selbst wenn es einmal komplett schiefgeht und sich die Aktivisten bis auf die Knochen blamieren, verbucht man dies als Erfolg. Als sich im November 2022 während eines Konzertes in der Hamburger Elbphilharmonie zwei Aktivisten an das Geländer des Dirigentenpodestes klebten, war dieses leicht entnehmbar und die beiden Angeklebten wurden unter Gelächter und Applaus Backstage gebracht, wo dann das etwas bedröppelt wirkende Foto gemacht wurde welches die Süddeutsche Zeitung mit der genialen Schlagzeile *„Ende Geländer"*[154] auf den Punkt brachte. Interne Dokumente der Letzten Generation notieren zu dieser Aktion lediglich eine sehr hohe öffentliche Wahr-

154 SZ vom 28.11.2022, in Anspielung auf die Aktivisten von „Ende Gelände".

nehmung. Eine Form der quantitativen Medienauswertung, die wenig über die inhaltliche Medienauswertung aussagt.

Das so genannte Protestbild ist für jede Aktivität der Letzten Generation genaustens geplant. Das beinhaltet die Auswahl der zu sehenden Aktivisten, genauso wie die Platzierung der Botschaften bis hin zur Mimik der beteiligten Personen.

So sollen bei Straßenblockaden die Aktivisten so sitzen, *„dass tolle Bilder entstehen können"*[155], aufrecht in die Kamera und geradeaus gucken. Für den Erfolg dieser Strategie ist natürlich eine enge Zusammenarbeit mit Journalistinnen und Journalisten notwendig.

Die Letzte Generation betreibt eine sehr genaue Erfolgsmessung. Dazu gehört im Bereich der Medienberichterstattung die Messung der Häufigkeit der Nennungen, der Tenor, die ausgewählten Gesprächspartner und natürlich die Reichweite. So ist in der KW 52 im Jahre 2022 von der Organisation festgestellt worden, dass die Zahl der Nennungen in den Medien mittlerweile 16.000 erreicht hat. Besondere Bedeutung haben nach Ansicht der Organisation Fernsehauftritte und Fernseherwähnungen in großen Nachrichtensendungen wie beispielsweise der Tagesschau oder Beteiligung von Aktivisten in Talkshow-Formaten. Das öffentlich-rechtliche Fernsehen hat dabei aus Sicht der Organisationen einen deutlich höheren Stellenwert als private Fernsehsender.

Meiner persönlichen Ansicht nach liegt das weniger an der Qualität, die man eher bei öffentlich-rechtlichen Sendern verortet als bei den Privaten. Es hat eher etwas damit zu tun, dass private Sendeformate eher boulevardesk berichten und das Spektakel der Aktionen im Vordergrund steht, wogegen öffentlich-rechtliche Sender eher die Hintergründe und Inhalte der Aktionen journalistisch nacharbeiten. Kurz: Bei den Privaten kommt der Inhalt zum Vorschein, WIE der Protest stattgefunden hat und bei den öffentlich-rechtlichen, WESHALB der Protest stattgefunden hat.

Der Kontakt zu Journalisten ist innerhalb der Organisation genau geregelt. So dürfen nur in der Pressearbeit ausgebildete Aktivisten Kontakt zu Journalisten haben, intern werden diese Personen „Pressebienen" genannt. Würde man in einer PR-Agentur die Juniorberaterinnen so nennen, wäre das ein Fall für die Sprachpolizei – bei der Letzten Generation mag man das mit anderen Augen sehen.

Bei einer Anfrage von den Medien werden Journalisten daraufhin überprüft, ob sie im Hinblick auf ihre Identität und das Medium wahre Angaben machen. Dazu wird eine Verifizierung durchgeführt. Innerhalb der Organisation existiert eine recht ausgeprägte Angst vor Unterwanderung, obwohl sie es selbst mit der Datensicherheit eher locker handhaben.[156]

155 zit. nach internen Schulungsunterlagen der Letzten Generation.

156 „Letzte Generation: ‚Sie sammeln Daten über psychischen Zustand und Bereitschaft, ins Gefängnis zu gehen'", Exklusiv-Recherche der Welt am Sonntag, 4.2.2023.

Nach der Verifizierung werden die Daten der Journalisten gespeichert, dazu zählen neben den Kontaktdaten und dem geplanten Beitrag auch Informationen über die bisherige Zusammenarbeit und die Einstellung. So wird unter anderem eine Kategorisierung in *„nette Kontakte"* vorgenommen. Die Medienbeauftragten der Letzten Generation sind angehalten, eine Hintergrundrecherche über jeden Journalisten durchzuführen. Inwieweit die dabei erhobenen und gespeicherten personenbezogenen datenschutzrechtliche Aspekte berühren, muss an dieser Stelle unbeantwortet bleiben, ich verweise hierzu auf die in diesem Buch bereits genannten Aspekte. Es werden auch Journalisten von der Zusammenarbeit konsequent ausgeschlossen, nämlich wenn sie versucht haben unter Verschleierung ihrer Identität an Aktivitäten der Organisation teilzunehmen. Wohlverhalten wird gewissermaßen medial belohnt.

Die inhaltliche Strategie, „Framing und Messaging", wird vom zentralen Mediateam der Organisation formuliert und entsprechend kommuniziert. So ist beispielsweise in der Anweisung von Januar 2023 zu lesen, dass die Formulierungen in den Mediengesprächen *„widerspiegeln (müssen), dass der Gesellschaftsrat*[157] *keine umstürzlerische Forderung ist"*[158]. Weiter heißt es, dass die Ansprechpartner für die Medien *„nicht alle Detailfragen beantworten"* müssen. Es sei nicht die Rolle der Letzten Generation, bis ins letzte Detail zu erklären, wie der Gesellschaftsrat funktioniert. Hier wird deutlich, welche instrumentelle Funktion die Medien für die letzte Generation haben. Es geht nicht um das Schaffen einer breiten Akzeptanz durch Information und Überzeugung, sondern um auf in die Breite wirkende Aufmerksamkeit durch aktivistisches Handeln.

An anderer Stelle wird solides Framing betrieben. Man solle nicht von zivilem Widerstand sprechen, sondern vom Herzstück der Demokratie. Und man verfolge eine langfristige Strategie, die Rückschläge einkalkuliert:

> *„Wir reagieren nicht auf das, was die Presse will, sondern handeln nach unserer eigenen Medienstrategie und Theorie der Veränderung. Auch wenn die Presse uns kurzfristig damit bestraft Reichweite zu verlieren, ist es wichtiger für uns unsere langfristige Medienstrategie durchzusetzen. Wir stellen klare Regel auf unter denen die Presse dabei sein kann. (...) Dabei sammeln wir Wissen über die Säule*[159]*, damit wir verstehen, wie wir am besten mit ihr umgehen können und beachten das Feedback was wir bekommen in der Strategie."*[160]

---

157 In der Politik gibt es keinen spezifischen Gesellschaftsrat. Allerdings können politische Parteien, NGOs oder Verbände interne Gremien wie Vorstände oder Beiräte haben, die ähnliche Funktionen wie ein Gesellschaftsrat erfüllen. Diese Gremien beraten und unterstützen die Entscheidungsträger bei der Umsetzung ihrer politischen Ziele und vertreten die Interessen ihrer Mitglieder oder der Gesellschaft insgesamt.

158 zit. nach „Kernbotschaften zum Gesellschaftrat", Kapitel „Wichtige Hinweise zum Framing".

159 Gemeint ist die Presse als Säule des Konstruktes Öffentlichkeitsarbeit.

160 zit. nach internen Schulungsunterlagen der Letzten Generation.

Das sind professionelle Vorgehensweisen. Es liest sich im Kontext zu „junge Menschen kleben sich auf dem Asphalt fest" etwas skurril, hält jedoch einer entsprechenden fachlichen Überprüfung durchaus stand.

Nebenbei lebt und klebt man Genderthemen:

> *„Wir zeigen uns divers. Wir wollen generationsübergreifend auftreten und Menschen mit verschiedenen sozialen Hintergründen zeigen. Wir achten darauf FLINTA/LGBTQ+/BIPoc zu empowern, weil wir wissen, dass sie eher im Mediengame untergehen."*[161]

Im Ergebnis sollen die Interviewpartner *„spontan, authentisch, inhaltlich kompetent, menschlich, klar/simpel auftreten"*[162]. Regelmäßiges Training in Rhetorik-Kursen ist Pflicht – damit man spontan wirken kann. Das Zielimage, auf welches die Letzte Generation hinarbeitet, sind Aktivisten, die „emotional, persönlich, menschlich" wirken. Die trainierte Friedlichkeit soll laut Anweisung deutlich nach außen getragen werden.

Auch für den individuellen Umgang mit Journalisten gibt es entsprechende Hinweise. So wird immer wieder darauf verwiesen, dass es sich bei den Journalisten, auch wenn sie nett sind, sich nicht um Freunde handelt, sondern um essenzielle Bestandteile des gegnerischen Systems. *„Alles, was wir sagen, kann und wird gegen uns verwendet werden"*, heißt es in der Anweisung „Beidseitige Presse Organisation".

Hat man sich erst einmal an die Formulierungen wie „How To Orga von Pressearbeit" oder „riesen nice Presse"[163] gewöhnt, bekommt man leidlich gute Tipps auf dem Niveau eines ersten Medientrainings an einer Volkshochschule. In der Tiefe haben die Dokumente der Letzten Generation bei weitem nicht die Coaching-Substanz auf C-Level-Format, aber das brauchen Sie auch gar nicht, denn die Mediensituationen für die Aktivisten sind überschaubar. Zeitlich wie inhaltlich.

> *„Immer wenn Presse da ist, ist es ein Interview, es gibt keinen Smalltalk mit Journalisten. Wir müssen uns dessen immer bewusst sein und können so auch die Journis um die Finger wickeln."*[164]

Das Bild von Journalisten und Medien ist in der Organisation ambivalent. Journalistinnen und Journalisten sind Teil des gegnerischen Systems, sollen jedoch genutzt werden, um die aufmerksamkeitsorientierten Ziele der Organisation umzusetzen. Vor Unterwanderung durch Journalisten und Verbrüderung im Rahmen persönlicher Kontakte wird explizit gewarnt. Journalisten seien auch nach häufigem Kontakt *„keine Freunde"*. Allerdings sollen *„Vertrauen und Sympathie"* der Journalisten gewonnen werden. Die Strategie der

161 zit. nach internen Schulungsunterlagen der Letzten Generation.

162 zit. nach internen Schulungsunterlagen der Letzten Generation.

163 zit. nach internen Informationen zu Protestbegleitung durch Journalisten.

164 zit. nach internen Schulungsunterlagen der Letzten Generation.

Emotionalisierung, die in der Öffentlichkeitsarbeit der Organisation eine große Rolle spielt, wirkt sich auch auf den Kontakt zu Journalisten aus. Ziel ist eine persönliche Nähe und Bindung zu den Journalisten, um die eigenen Botschaften zu platzieren.

Dass man mit den Vertretern der Letzten Generation nicht befreundet ist, erfahren Journalisten vor allem nach der Veröffentlichung kritischer Berichte. Nicht selten werden sie von der Letzten Generation mit psychologischem Druck nachbearbeitet: Man sei schon menschlich enttäuscht, wo doch die Zusammenarbeit bisher so gut gewesen sei und man habe so viele Hoffnungen auf den Bericht gesetzt. Das geht bis zur Androhung, vom Informationsfluss abgeschnitten zu werden, wenn es um Ort und Uhrzeit der nächsten Straßenblockade geht.

Wer nicht im Sinne der Organisation funktioniert als Journalist, erfährt folglich, wie aus dem künstlichen hergestellten Vertrauensverhältnis ein soziales Sanktionsmodell wird. Die tolerant wirkende Organisation kommuniziert hier wenig konstruktiv und oft abwertend. Den Journalisten werden ihre Berichterstattung sowie die Haltung ihres Mediums zum persönlichen Vorwurf gemacht. Dabei werden Mechanismen der negativen Konditionierung eingesetzt und es wird mit der Angst vor sozialer Ablehnung gearbeitet. Damit kann es sein, dass die Berichterstattung in Medien, die den Zielen der Letzten Generation politischen nahestehen, dadurch beeinflusst wird, indem einzelne Journalistinnen und Journalisten erst durch Nähe und dann durch Konditionierung zu einem bestimmten Verhalten gedrängt werden sollen. Dass dies sowohl aus fachlicher Sicht als auch aus Sicht einer transparenten Öffentlichkeitsarbeit zu kritisieren ist, steht außer Frage.

Die Medienansprechpartner, die sogenannten Pressebienen, sollen versuchen, den Medienkontakt *„möglichst gut für uns zu drehen"*. Man solle es so *„hinbekommen, wie es für uns gut passt"*. Dabei geht es auch um die Erfüllung von Effizienzanforderungen. So werden Schnittbilder sehr kritisch gesehen und gerade der Aufwand für Fernsehbeiträge als oft zu hoch eingeschätzt, Schwerpunkt solle der *„gute O-Ton"* sein. Allerdings können diese Regeln zugunsten einer größeren Berichterstattung schon mal missachtet werden.

Für die konkrete Interview-Situation gibt es **zahlreiche Schulungsmöglichkeiten** wie komplette Pressetrainings und individuelles Üben in Videokonferenzsituationen.

Die Formulierungen sollen den vorgegebenen Statements entsprechen, aber dennoch nicht auswendig gelernt klingen. Man soll so kurz wie möglich antworten. Das Ziel seien *„gute knackige Statements"*. Autorisierung der Zitate wird aktiv eingefordert und eingesandte Zitate mit Warnhinweisen zu Kürzungen versehen. Autorisierungen seien eine große Chance für die Organisation, denn da *„könne man sehr viel ändern"*.

Ein Fragenkatalog für eine gut einstündige Medienvorbereitung wird mitgeliefert, damit sich die Aktivisten damit schon einmal rechtzeitig damit vertraut machen können:

> *„(...) Ist euch bewusst, dass viele Menschen wegen euch zu spät zur Arbeit kommen werden? Wieso nehmt ihr euch das Recht sie zu blockieren?"*
>
> *„Wieso stört ihr hier normale Bürger*innen und nicht die Politik in Berlin?"*
>
> *„(...) Erpresst ihr die Politiker*innen mit der Aktion?"*
>
> *„Würdest du die Aktion als demokratisch bezeichnen? Ihr versucht doch die Meinung von euch als kleiner Gruppe durchzudrücken."*
>
> *„(...) Rettet das wirklich das Klima?"*
>
> *„Ist euch bewusst wie viele Treibhausgasemissionen durch die Staus ausgestoßen werden, die ihr erzeugt? Ist das nicht kontraproduktiv?"*[165]

Die Narrative der letzten Generation, die sich auf verzweifelte junge Menschen konzentriert, die in Aktionen die Welt aufrütteln wollen, verfangen trotz der häufig geäußerten Ablehnung konkreter Aktionen in vielen Teilen der Bevölkerung. Das zugrunde liegende Motiv der Klimakrise und unterlassener politischer Aktivitäten zur Bewältigung wird bei vielen durch die ständigen Aktionen wachgehalten.

Trotz der Kritik an Blockaden herrscht bei vielen Menschen die Ansicht, dass die Organisation irgendwie Recht habe mit ihrem Protest. Es wird oft nicht differenziert zwischen den Zielen der letzten Generation und der konkreten Vorgehensweise.

Diese Haltung lässt sich in vielen Redaktionen beobachten. Im Ergebnis werden somit die Journalisten nicht nur im Rahmen des Protestes instrumentalisiert, sondern sie werden über ihre eigene Einstellung, die man als teilweise unkritisch bezeichnen könnte, zu Botschaftern der Bewegung. Das zeigt sich unter anderem im Umgang mit kritischer Berichterstattung über die Organisation. So berichten einige Journalisten und Journalisten von schwierigen Diskussionen innerhalb ihrer Redaktion, wenn kritische Beiträge zur Letzten Generation geplant sind.

Da viele Fragen und Vorwürfe ihrer Kritiker unverkennbar nachvollziehbar sind, muss die Organisation vor allem intern gute Antworten liefern. Suppe auf einem Gemälde ist erklärungsbedürftig, die Verunreinigung einer Installation zum Grundgesetz liefert zwar ansehnliches Bildmaterial – mehr aber auch nicht. Die Süddeutsche Zeitung bringt es auf den Punkt:

> *„Das Argument, radikale Aktionen sicherten die Aufmerksamkeit für das Klimathema, verfängt nicht. Das Bewusstsein großer Teile der Bevölkerung für die Dringlichkeit der Klimakrise ist längst ausgeprägt. (...) Bürger gehen aber mit*

165 zit. nach internen Schulungsunterlagen der Letzten Generation.

> *zunehmender Radikalität auf Distanz zur Klimabewegung. Stünde der Umweltschutz als Kernanliegen noch im Mittelpunkt der Klimaaktivisten, dann hätte deren Radikalität das öffentliche Meinungsbild längst ändern müssen. Hat sie aber nicht. (…) Das bringt größtmögliche Empörung. Und der Umwelt: gar nichts."*[166]

Es ist wohl davon auszugehen, dass die Kommentar-Autorin künftig nicht zum engeren Kreis derer gehören wird, der über geplante Aktionen vorab vertraulich informiert werden würde. Das mag sie sich mit diesem Kommentar verbaut haben. Sei's drum. Es ist nicht die Aufgabe von Medien, sich Dinge zu eigen zu machen. Auch keine Guten.

Allerdings sind Unternehmen wie Organisationen gut beraten, kritische Medienberichte kühl und sachlich zu analysieren. Das schützt vor verhärteter Ideologie und davor, kommunikativ in die falsche Richtung zu agieren.

Insgesamt hat die Letzte Generation zum Stand des Redaktionsschlusses für dieses Buch nicht nur eine **professionelle** und **gut geplante Medienstrategie**, sondern **steuert** auch alle Facetten des Journalistenkontaktes so, dass es die Ziele der Organisation optimal unterstützt.

In der internen Kommunikation macht die Organisation genau das, was ihr den Zusammenhalt angesichts berechtigter Kritik und zahlreichen offenen Fragen zur weiteren Vorgehensweise, die in der Öffentlichkeit diskutiert werden, sichert:

Wer antwortet, führt.

166 Angela Slavik in der Süddeutschen Zeitung vom 6.3.2023.

Über den Autor

Der volontierte Hörfunkjournalist und PR-Mann Tom Buschardt berät und coacht seit über 25 Jahren sowohl Vorstände (u.a. DAX-Konzerne) als auch Politikerinnen und Politiker demokratischer Parteien. Er schrieb als MeinungsMacher fünf Jahre für das manager magazin Kommunikationsanalysen.

Journalistisch arbeitete er sowohl für die Kölnische Rundschau als auch für WDR (Nachrichtenmagazin), RTL Aktuell und den ARD-Sender Deutsche Welle, wo er insgesamt über ein Jahrzehnt im Programm Politik/Wirtschaft und Zeitfunk/Aktuelles als Moderator und Autor eingesetzt war. Als Reporter und Moderator arbeitete er außerdem für zahlreiche private Hörfunkstationen in NRW.

Für die Akademie der Deutschen Welle entwickelte er das Medientraining für die Akademie Auswärtiger Dienst (Diplomatenschule des Auswärtigen Amtes), für die er 15 Jahre als Dozent mit dem Schwerpunkt Krisen-Interview arbeitete. Darüber hinaus unterrichtete Buschardt an der RTL-Journalistenschule Deeskalationstechniken für investigative Reportagen im Interview, am FAZ-Institut Interviewtraining und war Mitglied der Ausbildungskommission für Volontäre der Deutschen Welle mit den Schwerpunkten „Nachrichten" und „Politik".

Er coachte u.a. für die BILD-Chefredaktion und hat Lehraufträge an den Hochschulen Osnabrück (Institut für Kommunikationsmanagement) und Bonn/Rhein-Sieg (Schwerpunktfach Wirtschaftspsychologie). Seine Vorlesungsthemen dort sind u.a. Krisenkommunikation, Framing, Interview sowie „Wahrnehmungsverzerrung bei gesellschaftlichen Themen". Mit Kriegsbeginn in der Ukraine startete er deutschlandweit eine (zum Teil öffentliche) Vorlesungstour zu Propaganda und Fakenews, die bei Drucklegung bereits ins zweite Jahr geht.

Buschardt war zudem geschäftsführender Gesellschafter eines journalistischen Dienstleisters und einer PR-Agentur für Marken- und Corporate-Kunden, für die er die Deutschland-Etats namhafter Marken verantwortete. Als Geschäftsführer seiner damaligen Firma war er u.a. Berater des Managements des Formel-1-Piloten Nick Heidfeld, als es mit BMW zur Krise kam.

Er berät hinter den Kulissen Unternehmen und Behörden rund um Krisenfälle sowohl in der internen wie externen Kommunikation.

Zur Vorbereitung auf Wahlkämpfe entwickelte er die inzwischen auch wissenschaftlich begutachtete 3D-Rhetorik®, die sich als Trainingskonzept auch bei zahlreichen Vorständen in der Industrie bewährt hat, wenn es in kritische und besonders bedeutsame Kommunikationsanlässe geht.

In den letzten Jahren veröffentlichte er zahlreiche Titel bei VISTAS u.a. *Feedback – Kommunikation optimieren* (2016), *Schlagfertiger durch Ärgerfasten®* (2017) und *Warum wir Kommunikation neu lernen müssen* (2019).

Zu Reguvis wechselte er mit dem Titel *Workbook Krisenkommunikation – Realistische Handlungsempfehlungen für Unternehmen* (2022).

Webseite: www.buschardt.de

YouTube-Kanal: www.youtube.com/@medientrainerPLUS

Mail: training@buschardt.de

Wikipedia: https://de.wikipedia.org/wiki/Tom_Buschardt

Danksagung

Dipl.-Psych. Maria-Christina Nimmerfroh von der Hochschule Bonn/Rhein-Sieg gilt mein ganz besonderer Dank für ihre wesentliche Mitwirkung beim Themenbereich der Medienarbeit der Letzten Generation. Der Dank betrifft die Überlassung, beziehungsweise den Einblick in vertrauliche, interne Dokumente der Letzten Generation sowie ihre Hilfe bei der Auswertung und Einschätzung dieser Unterlagen. Sie forscht zu diesem Thema seit Ende 2022 und gewährte mir umfangreichen Einblick in ihre Arbeit.

Nimmerfroh leitet an der Hochschule Bonn/Rhein-Sieg das Schwerpunktfach Wirtschaftspsychologie und forscht dort unter anderem zu Kommunikationsformen von NGOs.